左貝 潤一／著

共立出版株式会社

はじめに

　21世紀は情報化時代あるいはマルチメディア時代といわれている。従来の公共的情報伝達手段は，音声を中心とする電話であった。その後，FAX，データ，文字，図形，静止画像，動画像などが取り扱われるようになった。近年，電子メールを中心としたインターネットの需要が増している。このような大量の情報を伝達するには，情報インフラの整備が不可欠である。一方で，双方向情報伝送やディジタル化技術の進展により，通信と放送の垣根がなくなろうとしている。

　通信媒体として，古くから無線や同軸ケーブル，平衡対ケーブルなどが利用されており，現在もこれらが利用されている。増大する情報通信の需要をまかなうためには，さらに広帯域の通信媒体が必要とされる。広帯域通信用として，光ファイバを伝送路とした通信システムが現在使用されている。光ファイバは広帯域性以外に，軽量，無誘導など従来の伝送路にない特徴を有しているため，光ファイバ通信は長距離通信だけでなく，情報ネットワーク用，アクセス網などへの応用が進んでいる。

　光ファイバ通信の重要な構成要素である，光ファイバと半導体レーザの実用的基礎は1970年にできた。その後は順調な歩みで各種構成要素が整備され，光ファイバ通信は発展した。光ファイバ通信が実用化されてからも，高性能光ファイバ増幅器が出現し，光通信システムは変貌を遂げるとともに，光通信を取り巻く研究環境も変化した。広帯域化を進める過程で進展してきた光波長多重通信は，情報化時代に向けたネットワーク化の方向に沿って，研究が活発に行われている。また，携帯電話で重要な無線と光ファイバ通信技術が結合したマイクロ波ホトニクスが萌芽している。このように，光ファイバ通信は当初の目標を達成した後も，進展を適切に取り入れ

ることにより，進化を遂げている。

　本書は進展する光ファイバ通信の概要を，構成要素とシステムの全般にわたって，基本事項を中心としてまとめることを目的としている。本書を出版するねらいは次の通りである。

（ⅰ）　光ファイバ通信関係の図書は多いが，技術者向けがほとんどであり，学部の初心者レベルから学習できるものは数少ない。そこで本書の対象読者を，初めて光ファイバ通信を学習するものとする。

（ⅱ）　光通信は上述のように進化を遂げており，あまり古いと陳腐化する。特に，最近はインターネットの進展に伴って，光ファイバ通信が変化しており，ネットワークとの関連にふれる必要があるが，従来の教科書ではほとんど取り上げられていない。本書では，第15章でネットワークにおける光ファイバ通信の意義を説明し，将来の学習への足がかりとする。

（ⅲ）　現在出版されている光通信関係の図書は，分量が学部の講義時間に必ずしも合わされていないので，1セメスタで学習するには長過ぎる場合が多い。本書では，全体の分量をセメスタに合わせ，各章が1回の講義時間にほぼ対応するようにしている。アドバンストコースは各章の後半，または別の章に設け（目次にて＊印で表示），講義に際して適宜取捨選択できるようにした。

　本書の構成は次の通りである。1章は概論であり，光通信全体の包括的な説明を行う。2～13章では光ファイバ通信の構成要素を扱っている。光ファイバ通信の主要構成要素である光ファイバの各種特性を詳しく説明した後，半導体レーザ，光増幅器，光回路部品，光検出器の順に述べている。14～16章ではシステム関係の内容を扱っている。16章では光ファイバ通信の応用を説明している。

　本書を出版するにあたり，終始お世話になった共立出版(株)の関係各位に厚くお礼を申し上げる。

2000年8月　　　　　　　　　　　　　　　　　　　　　　左貝潤一

目　　次

(＊印はアドバンストコースを表す)

第1章　概　　論 …………………………………………………… 1
　§1.1　情報とその処理・伝送　*1*
　§1.2　通信ネットワークと従来の伝送路　*2*
　§1.3　光通信の歴史　*4*
　§1.4　光ファイバ通信の構成と特徴　*6*
　演習問題　*9*

第2章　光の導波原理 ……………………………………………… 10
　§2.1　全　反　射　*10*
　§2.2　光導波路での固有値方程式とモード　*11*
　§2.3　光導波路での電界形成　*15*
　§2.4　モードの分類　*17*
　演習問題　*18*

第3章　光ファイバの基礎 ………………………………………… 19
　§3.1　光ファイバの概要　*19*
　§3.2　光ファイバの基本パラメータ　*22*
　§3.3　円筒座標系での基本式　*24*
　演習問題　*25*

第4章　ステップ形光ファイバの基本特性 ……………………… 26
　§4.1　電磁界分布と固有値方程式　*26*
　§4.2　伝搬モードと放射モード　*29*
　§4.3　ステップ形の伝搬モード　*31*
　§4.4　弱導波近似　*33*
　演習問題　*37*

第5章　グレーデッド形光ファイバの基本特性 …………………… 39

§5.1　2乗分布形光ファイバの基本特性　*39*

§5.2　WKB法による固有値方程式の導出　*45*

§5.3　ベキ乗分布形におけるモードの分類　*47*

演習問題　*48*

第6章　光ファイバの損失特性と製造方法 …………………… 49

§6.1　光ファイバの製造方法　*49*

§6.2　光損失の概略説明　*53*

§6.3　結合および接続損失　*55*

§6.4　曲げ損失*　*57*

演習問題　*60*

第7章　光ファイバの分散特性 …………………… 61

§7.1　分散と伝送帯域の概要　*61*

§7.2　モード分散　*63*

§7.3　材料分散と導波路分散　*66*

§7.4　分散制御光ファイバ*　*69*

演習問題　*72*

第8章　光の発生と増幅 …………………… 73

§8.1　光と物質の相互作用の素過程　*73*

§8.2　レーザの発振原理　*74*

§8.3　レーザの発振条件　*78*

演習問題　*81*

第9章　半導体レーザの基礎 …………………… 82

§9.1　半導体レーザの発振原理と構造　*82*

§9.2　半導体レーザの特性と特徴　*87*

§9.3　光通信用半導体レーザ　*90*

演習問題　*92*

目　　次　　　　　　　　　　　　　　　　　vii

第10章　半導体レーザの高性能化* ……………………………… 93

§10.1　分布帰還形（DFB）レーザと
　　　　分布反射形（DBR）レーザ　　93

§10.2　量子井戸レーザ　　96

§10.3　ひずみ量子井戸レーザ　　99

演習問題　　100

第11章　光増幅器 ……………………………………………… 101

§11.1　光増幅器の原理　　101

§11.2　希土類添加光ファイバ増幅器　　102

§11.3　半導体光増幅器　　106

§11.4　光増幅器のシステム的意義　　109

演習問題　　110

第12章　光回路部品 …………………………………………… 111

§12.1　光変調器　　111

§12.2　光非相反素子　　115

§12.3　光合分波器　　117

§12.4　光フィルタ　　120

§12.5　光スイッチ素子　　122

演習問題　　123

第13章　光検出器 ……………………………………………… 124

§13.1　光検出器の原理　　124

§13.2　通信用光検出器　　127

§13.3　光検出器での雑音　　129

演習問題　　132

第14章　光信号の変復調と検波 ……………………………… 133

§14.1　変調方式　　133

§14.2　音声・画像のディジタル化　　137

§14.3　各種光検波方式の信号対雑音比　　*139*
演習問題　*144*

第15章　ネットワークと交換技術* ……………………………… *145*
§15.1　ネットワークの概要　　*145*
§15.2　ネットワークの階層化モデル　　*149*
§15.3　各種交換方式　　*151*
演習問題　*156*

第16章　光ファイバ通信技術とその応用 ……………………… *157*
§16.1　光ファイバ通信システムの標準構成　　*157*
§16.2　光ファイバ通信の応用　　*159*
§16.3　将来の光通信方式*　　*163*
演習問題　*168*

参考文献 …………………………………………………………… *169*
演習問題略解 ……………………………………………………… *171*
物理基礎定数/エネルギーの換算 ………………………………… *174*
索　　引 …………………………………………………………… *175*

第 1 章

概　　論

　本章では，増大する情報量を伝送・処理するために必要となる技術を概観する。各種情報を伝達する通信ネットワークにおいて，光ファイバ通信が果たす役割を明確にするため，従来の伝送路として有線の代表である同軸ケーブルと無線の特徴を説明する。その後，光ファイバ通信の歴史，光ファイバ通信の構成と特徴などを，従来伝送路と比較する形で説明する。

§1.1　情報とその処理・伝送

　通信の世界で情報と言えば，古くは音声，つまり電話を指していた。世の中のニーズの変化に伴って，文字や図形がファクシミリで送信できるようになった。企業の膨大な情報は，専用線などを用いて，データの形で送受されるようになり，現金自動預入支払機のような形で恩恵を受けている。一方，電子メールやホームページなどを媒介として静止画像も送れるようになり，パソコンを端末としたインターネット需要が急激に増している。
　このような種類の異なる情報を，各情報毎に送受できるようにネットワークを形成していては，投資効率が悪い。そこで，音声，データ，文字，図形，静止画像，動画像などの異なる種類の情報を，ユーザから見てその違いを意識することなく伝送できるようにすることが望まれる。このように，異なる種類の情報を一括して扱えるようにする技術がマルチメディアである。
　マルチメディアでは，このような情報を，①いつでも，どこでも，②思いのままの形で利用でき，かつ③自在に加工できることが望ましい。また，④双方向に情報がやりとりできるとさらによい。
　多様な情報を扱うためには，共通の信号要素が必要となる。そのために，各種情報をディジタル情報に置き換えること，すなわち情報を最終的に"0"と

"1"だけで表すことが行われている．このようにすると，情報の記録，加工，伝送が容易になる．

　従来は，音声やFAX，データなど個別サービス毎に伝送されていた．種類の異なる各種情報を同時に伝送するために，各サービスの情報をディジタル化して取り扱う，ISDN（総合サービスディジタル網：Integrated Services Digital Network）計画が進められていた．しかし，電子メールに代表されるデータトラフィックが，従来の予測線をはるかに上回る速さで急増している．そのため，ネットワーク全体を見渡した技術の見直しが行われている．

§1.2　通信ネットワークと従来の伝送路

　各種情報を送受するため，通信施設が網目状に形成されている．通信ネットワークの構成概略を図1.1に示す．ネットワークでの基本機能は，信号を宛先別に振り分けること（交換：switching）と，信号を遠隔地に誤りなく伝えること（伝送：transmission）である．光ファイバ通信が現在担っている役目は，主に伝送である．既述のように，音声，FAX，データなどの異なるサービスがディジタル技術により同一のネットワークで処理されようとしている．

　信号の「道」に相当する伝送路を歴史的にみると，電気伝導度の高い銅線を利用する場合（有線）と，空間をそのまま用いる場合（無線）があり，これらは現在も使用されている．

　有線の代表は同軸ケーブルと平衡対ケーブルである．これらは現在での使用量が最も多いものであり，原価償却が済んだ部分から順次，光ファイバに置き

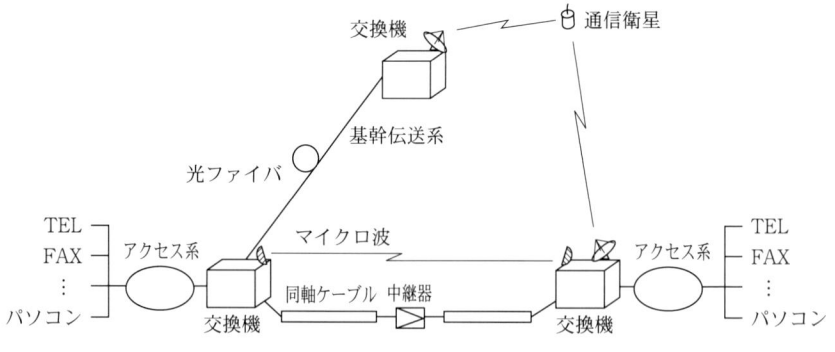

図1.1　通信ネットワークの構成

§1.2 通信ネットワークと従来の伝送路

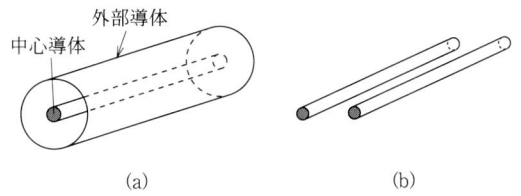

図 1.2　有線伝送路（銅線使用）
(a) 同軸ケーブル　(b) 平衡対ケーブル

換えられつつある．**同軸ケーブル**は図 1.2(a) に示すように，内部（中心）導体と外部導体が同心円状の構造をしており，信号は内部導体を伝搬する．同軸ケーブルの特徴を表 1.1 に示す．高周波では，周波数が高くなるほど損失が増加する．中継間隔が 2 km 弱と，他の伝送路に比べて短くなっている．

平衡対ケーブルは図 1.2(b) に示すように，銅線が平行に配置されている．平衡対ケーブルはユーザと通信会社設備との間に相当する，アクセス系で使用されている．ここでは，画像情報を扱わない限り，あまり大きな通信量が発生しないので，帯域の狭い平衡対ケーブルで十分間に合う．

無線では，マイクロ波や準ミリ波が搬送波として用いられる．マイクロ波としては，UHF（300 MHz～3 GHz）や SHF（3～30 GHz）がある．無線の特徴も表 1.1 にまとめる．伝送路が空気中であるということが，各種特徴をもた

表 1.1　各種伝送路を用いた通信システムの比較

同軸ケーブル	無線	光ファイバ
・高周波で雑音に強い（∵外部導体で遮蔽） ・高周波（30 kHz 以上）での抵抗や損失は $\sqrt{f}$ 特性 ・中継間隔は約 1.6 km（60 Mbps や 400 Mbps 方式）	・アンテナ（端局）の設置だけで通信可能 ・比較的安価 ・端局の移動が容易（移動通信，携帯電話等） ・端局として衛星が可能（衛星通信：広域性） ・混信防止のため使用周波数に制限あり 　→ 通信容量が比較的小 ・気象（雨や霧など）や建物の影響を受ける ・中継間隔は 50 km 程度と比較的長い	・低損失（0.2 dB/km 以下） ・広帯域（Gbps オーダの符号伝送速度実現） 　→ 中継間隔が 40～80 km ・細径なので多元化容易 ・軽量ゆえ布設工事楽，移動物体への搭載可 ・可とう性良好ゆえ既存設備の流用可能 ・無誘導・無漏話ゆえ電力施設で便利 ・土原料が珪素なので資源の枯渇なし

らしている。アンテナ（端局）を設置するだけで通信が可能となる。これにより，離島や険しい山などへの端局の設置，端局移動が可能，衛星通信などへの応用を生んでいる。また，端局設置だけで使用できるので，経済性にも優れている。一方，伝送路が空気中ということは，気象条件や建物の影響を受けやすく，混信を避けるために使用周波数を個別に変える必要があるため，使用周波数が制限されるという欠点がある。

有線として，後に詳しく述べる光ファイバが，従来の伝送路にない利点を有するために発達した。その結果，有線部分は同軸ケーブルに代わって光ファイバが導入されている。無線は，有線にはない特有の用途があるので，今後も使用されていくことが予想される。

§1.3 光通信の歴史

（1） 光ファイバの誕生以前

1960年にレーザが発明されて以来，光通信は模索を続けてきた。1960年代には，伝送路として，空間伝搬，レンズ列ガイド方式，ガスレンズ導波路方式などが考案，研究された。

空間伝搬は，光が指向性に優れていることを利用した，空間を利用する方法である。この方法では回折により光が広がるので，伝送距離に限界がある。回折による光の広がりを抑えるため，周期的に凸レンズを配置した，**レンズ列ガイド方式**が試みられた（図1.3参照）。この方法では，レンズの配置がわずかにずれた場合でも，光ビームが大きくずれるという，安定性に問題があった。周知のように，日本は地震国であるから，地震があった場合，レンズ配置のずれを補正するのは大変である。また，レンズ列では光ビームを思い通りに曲げるのが難しい。

ガスレンズ導波路方式は，空洞の中に気体を封じ込め，温度勾配をつけることにより，屈折率分布をつけたものである。この方法では，屈折率分布を制御

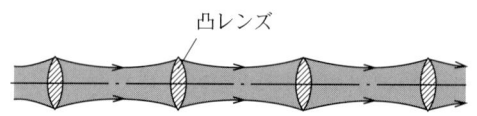

図1.3　レンズ列ガイド方式

するのが困難であった．ガスレンズ方式は実用化されなかったが，その理論的基礎は，後のグレーデッド形光ファイバの研究に生かされた．

このような状況の中で，1966年，英国のKaoにより，材料として石英を用いれば，安定な光ファイバ伝送路が得られるということが予見された．この予見に基づき，光ファイバ研究が萌芽した．

（2） 光ファイバ通信の歴史

光ファイバ通信の歴史を表1.2に示す．光ファイバ通信元年は1970年であろう．この年に，光ファイバ通信の重要な構成要素である，半導体レーザと光ファイバが実用に向けての重要な一歩を踏み出した．これを契機として，光ファイバを伝送路とした光通信の研究が世界中で繰り広げられるようになった．その後，石英系光ファイバの損失が着実に下がるとともに，半導体レーザの寿命が延び，1973年には世界で初めて光ファイバ通信が公衆通信に導入された．

光ファイバ通信では最初，光ファイバ以外に光源や光検出器などの構成要素

表1.2 光ファイバ通信の歴史

1960年	レーザ誕生（ルビーレーザ：発振波長694 nm） ｛光源として気体レーザ（He-Neレーザ）を使用 ｛レンズ列ガイドやガスレンズ方式，空間伝搬などの研究
1966年	低損失光ファイバの可能性示唆
1970年	半導体レーザの室温連続発振（GaAlAsレーザ，0.85 μm帯）
同年	石英光ファイバで損失が20 dB/km（コーニング社） 　　波長 1.3 μm で零分散
1973年	世界初の光ファイバ通信の公衆通信への導入，米国 FT-2方式（6.3 Mbps，0.85 μm帯，グレーデッド形光ファイバ）
1978年	国内初の光ファイバ通信の公衆通信への導入 F-6 M方式（6.3 Mbps，0.85 μm帯，グレーデッド形光ファイバ）
1979年	波長 1.55 μm で損失 0.2 dB/km の光ファイバ実現（VAD法） 　　→ 長波長帯の誕生　→ 分散シフト光ファイバの研究
1981年	コヒーレント光通信（光波通信）の提案
1983年	国内公衆通信への単一モード光ファイバの導入 大容量 F-400 M方式（1.3 μm帯）
1986年	高性能エルビウム（Er）添加光ファイバ増幅器（単一モード化）
1988年	アレイ導波路回折格子の提案
1996年	世界初の波長多重通信（WDM）システムの公衆通信への導入，米国

が実用化レベルで出揃った 0.85 μm 帯の波長が用いられた．その後，より中継間隔を延ばすことができる，石英系光ファイバの零分散波長である 1.3 μm 帯での通信システムが用いられた．光ファイバ作製技術の進展に伴い，波長 1.55 μm で 0.2 dB/km という超低損失が達成され，1.55 μm 帯が使用波長となった．このように，光ファイバ通信で用いられる搬送波長が，光ファイバ作製技術の進展とともに変化してきた．使用波長の変遷に合わせて，光ファイバ以外の構成要素の材料も変化している．

光ファイバ通信の歴史でさらに特筆すべきものとして，エルビウム添加光ファイバ増幅器がある．光ファイバ増幅器の誕生により，光レベルのままで増幅できるようになった．そのため，より高価な再生中継器の数を減少させることにより，光ファイバ増幅器は通信システムの経済化に役立った．また，その優れた経済性は，それまで行われていた他の方式を経済的に凌駕したため，その後の研究動向をも変えることとなった．

§1.4 光ファイバ通信の構成と特徴

(1) 光ファイバ通信の構成

光ファイバ通信の基本構成と光パルス波形変動の概略を図 1.4 に示す．構成要素は，光源，変調器，伝送路，光検出器（受光素子），復調回路，光増幅器である．以下で各構成要素について簡単な説明を順に行う．

搬送波を発生させる光源として，半導体レーザが用いられる（第 8～10 章参照）．半導体レーザは注入電流で励起されているため，信号を電流変化に置き換えることにより，直接変調が可能という特徴を有する．通常，パルス符号変調（第 14 章参照）が用いられるので，半導体レーザにより，時間領域でパルスの有無により "1" と "0" からなる信号列が送信される．したがって，符号伝送速度が数十 Gbps (bit per sec) 位までは，別の光変調器を用いることな

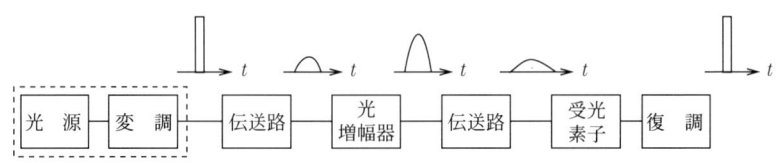

図 1.4　光ファイバ通信の基本構成と光パルス波形変動の概略

く，半導体レーザで高速変調も兼ねられる．半導体材料としては，伝送波長域の関係で GaAs や InGaAsP が用いられる．

　伝送路としては当然，光ファイバが使用される（第3～5章参照）．光ファイバ材料としては石英系やプラスチックが用いられるが，低損失な石英系が大部分であり，プラスチックは LAN などの短距離用途で使用される．光ファイバ伝搬後，損失（第6章参照）により光パワが減衰し，また分散（第7章参照）により光パルス幅が広がる．

　光ファイバ通信における増幅には，① 光直接増幅と，② 光信号を電気信号に変換した後に電気信号の形で増幅する方法がある．光パワの減衰に比べて，パルス幅の広がりが少ない場合には，電気信号に変換することなく，光レベルのままで光増幅器（第11章参照）を用いて直接増幅できる．光増幅器には，希土類添加光ファイバ増幅器が使用されている．光増幅器では光パワを増幅することができるが，分散で広がった波形を整形できない．よって，一般には，光直接増幅を何回か行った後に，次に述べる光電変換に基づく波形整形を行う．

　光パルス幅がある程度広がると，隣接するパルス間で重なりを生じて符号誤りを生じるようになるので，光信号を電気信号に変換することが不可欠となる．この方法では，微弱信号を増幅するだけでなく，波形の整形も行えるが，光電変換という余分なプロセスが必要となるために装置が高価となる．このような光検出器（第13章参照）としては，pin フォトダイオードや増幅作用のあるアバランシュフォトダイオードが用いられる．受光素子材料としては，Ge や InGaAsP が使用される．電気信号に変換された信号は，"0" と "1" が識別された後，新しい光信号が半導体レーザで再生・送出される．

　光通信用中継装置としては，図1.4における伝送路以外の機能が含まれている．光中継器（repeater）の価格が伝送路に比べて高価なので，経済的観点から，中継器間隔を長くして，設置する中継器数を減少させることが望まれる．

（2） 光ファイバ通信の特徴

　光ファイバ通信では伝送路として光ファイバを用いていることにより，次のような特徴が生まれている．他の伝送路との比較は，すでに表1.1に示している．

① 低損失： 光ファイバは低損失（0.2 dB/km 以下）であるので，中継間隔を長くすることができる。実用システムでは中継間隔が 40～80 km となっているので，システムが低コストになる。
② 広帯域： 光ファイバは広帯域なので，距離を固定すると一度に多くの情報を送ることができる。10 Gbps オーダの符号伝送速度が可能。また，符号伝送速度を固定すると，中継間隔が長くできる。
③ 細径： 光ファイバは 1 本当たり被覆層を含めても直径 0.2 mm 以下と非常に細いので，同じ断面積の管路により多くの光ファイバを収容することができる。また，1 本のケーブル内で多対化が容易である。
④ 軽量： 光ファイバは同軸ケーブルに比べると軽量なので（ガラスの比重は銅の約 1/4），布設工事が楽に行える。また，船舶や航空機への搭載で重量の負担が少ない。
⑤ 可とう性： 光ファイバは数 cm 以下の曲げ半径にできるほど，可とう性に優れている。したがって，光ファイバを布設する場合，既存設備を流用することが可能となり，低コストにつながる。また，容易に曲げることができるので，設備工事が楽となる。
⑥ 無誘導・無漏話： 光ファイバは銅線と異なり，隣接線からの電磁誘導を拾うことがなく，無漏話である。したがって，電力会社など大電流を使用する施設では便利である。
⑦ 豊富な材料資源： 光ファイバの主原料が地球上に多く存在する珪素（SiO_2）なので，資源の枯渇を心配する必要がない。

（3） 光ファイバの弱点と対策

① 光ファイバは急峻な曲げ（曲げ半径数 mm 以下）に弱い。これに対応するため，補強効果の大きなケーブルを用いたり，布設法に工夫がこらされている。
② 引っ張り強度が小さい。これにも①と同じ対策がとられている。
③ 光ファイバは細径なので接続や切断が困難である。これらを可能とする工具が開発されている。
④ 銅線と異なり，光ファイバでは光軸を一致させないと光が効率よく伝搬しないので，分岐や結合が不自由である。そのため，ユーザに近いアク

セス（加入者）系で問題となる。これを解決するため，光信号を分配する光カップラなどの部品が用意されている。
⑤ 光ファイバが誘電体でできているため，中継器への給電が不可能である。したがって，給電系を別に用意している。

【演習問題】

1.1 通信伝送路として同軸ケーブル，無線，光ファイバのそれぞれの特徴を比較して示し，光ファイバの優位性を説明せよ。
1.2 光ファイバ通信の特徴を列挙せよ。
1.3 光ファイバの特徴を列挙せよ。

第 2 章

光の導波原理

　光ファイバの詳しい説明をする前に，本章では，光が導波される原理を，マクスウェル方程式を使用することなく，幾何光学と波動光学の両面から検討する。光線の向きが波面（等位相面）に垂直なことを利用すると，光導波路での定在波条件や光導波路で形成される電界分布について，物理的考察と比較的簡単な数学を用いることにより，有用な情報を得ることができる。ここで得られる結果は，本質的な面では光ファイバにも適用できるものである。ただし，光ファイバは 3 次元構造なので，数学的な記述は難しくなる。

　本章では，まず光が導波される原理を幾何光学的に考える。その後，光導波路での定在波条件から，光導波路の基本的な性質を求める上で重要な固有値方程式やモードの概念を説明する。次に，光導波路で形成される電界分布やモードの分類を説明する。

§2.1 全 反 射

　図 2.1 に示すように，ある界面を境として異なる屈折率の媒質が存在しているとする。光線がこの境界面に入射して屈折するとき，光線が境界面の法線となす角度を ϕ_j（添字 $j=1, 2$ はそれぞれ，入射側，屈折側を示す）とする。ここでは光導波路への適用を想定して，光線が境界面となす角度 θ_j も併用する（$\phi_j + \theta_j = \pi/2$）。

　屈折の様子は**スネルの法則**（Snell's law）

$$n_1 \sin \phi_1 = n_2 \sin \phi_2 \qquad (2.1\,\text{a})$$
$$n_1 \cos \theta_1 = n_2 \cos \theta_2 \qquad (2.1\,\text{b})$$

により記述できる。光線が法線となす角度 ϕ は，屈折率が高い媒質側で小さくなる。スネルの法則は，平面波（波面が平面をなす）が境界面に入射すると

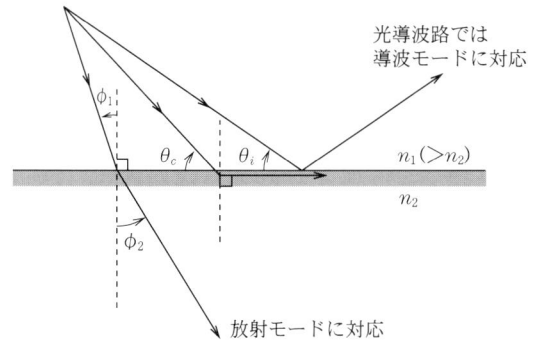

図 2.1 屈折率が異なる境界面での光線の伝搬

しても，光線の向きが波面に垂直なことから，同様に導ける。

　光線が屈折率の高い媒質側から低い側に向かって進むとき，ある入射角で屈折角 ϕ_2 が 90 度になるときがある。このときの入射角を**臨界角**（critical angle）と呼ぶ。臨界角 θ_c は，

$$n_2 \sin\frac{\pi}{2} = n_1 \sin\left(\frac{\pi}{2} - \theta_c\right) = n_1 \cos\theta_c$$

より

$$\theta_c = \sin^{-1}\left(\frac{\sqrt{n_1^2 - n_2^2}}{n_1}\right) \tag{2.2}$$

で得られる。入射角 θ_i が臨界角 θ_c より小さくなると，光線は屈折して透過することなく，元の媒質側に反射してくる。この現象を**全反射**（total reflection）という。

§2.2　光導波路での固有値方程式とモード

　光導波路の基本構造を図 2.2 に示す。これは層状構造で光を閉じ込める導波路で**スラブ導波路**という。中心部分の屈折率が高い部分を**コア**（core），コアの両側の屈折率の低い部分を**クラッド**（cladding）という。コア幅は d であり，このような屈折率分布が断面に垂直な方向（z 軸）に一様に分布している。コアの屈折率 n_1 をクラッドの屈折率 n_2 より大きくしておく。光線の伝搬角 θ_m が臨界角 θ_c より小さくなると，光線はコアとクラッドの境界で全反射

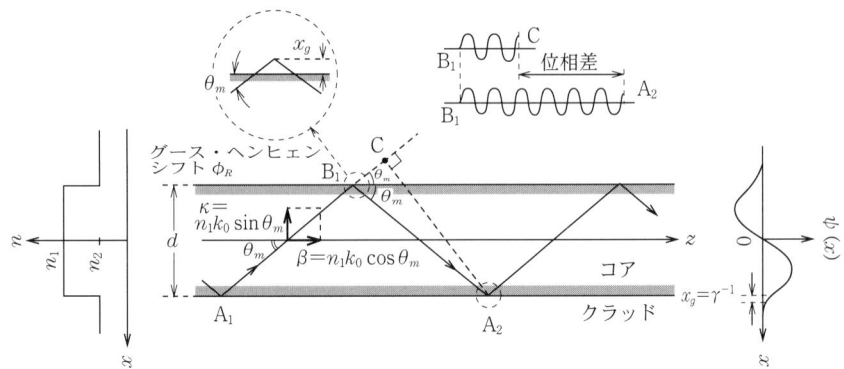

図 2.2 光導波路の構造と導波原理
$\phi(x)$：断面内電界分布の概略

を繰り返しながら，全体としては z 軸方向に伝搬する．このとき，光エネルギーが導波路中心部に集中する．

媒質が位置に依存した屈折率 $n(\boldsymbol{r})$ で表されるとき，光線伝搬の様子は**光線方程式**

$$\frac{d}{ds}\left\{n(\boldsymbol{r})\frac{d\boldsymbol{r}}{ds}\right\}=\mathrm{grad}\{n(\boldsymbol{r})\} \tag{2.3}$$

を解いて求められる．ただし，$\boldsymbol{r}={}^t(x,y,z)$ は位置ベクトル，s は光線に沿った単位ベクトルの大きさである．

x-z 平面で屈折率分布が z に依存しないとき，光線方程式より

$$\frac{d}{ds}\left\{n(x)\frac{dz}{ds}\right\}=\frac{\partial n(x)}{\partial z}=0$$

が得られる．$dz/ds=\cos\theta_m$ だから $n(x)\cos\theta_m$ が伝搬軸方向の不変量となる．光の伝搬方向の不変量を**伝搬定数**（propagation constant）といい，

$$\beta=n_1 k_0 \cos\theta_m \tag{2.4}$$

　　　　（$k_0=2\pi/\lambda_0$：真空中の波数，λ_0：真空中の波長）

で表す．屈折率がコア内のように，断面内の x 方向でも均一なとき，同様にして横方向の不変量

$$\kappa=n_1 k_0 \sin\theta_m \tag{2.5}$$

が得られる．この κ は横方向波数成分に対応する．

光導波路断面は z 軸のどの位置においても同じ構造をしており，光が断面

§2.2 光導波路での固有値方程式とモード

内方向に進行することはない．したがって，光がたとえば図2.2中のコア・クラッド境界 B_1 を含む断面から A_2 を含む断面まで伝搬するとき，両位置での光が同位相でなければならない．いま A_1B_1 の延長線上で，A_2 から下ろした垂線の足を C とする．

光が B_1 から A_2 まで進行するとき，波動的な立場で考えると，各位置での電界は，B_1A_2 に垂直な波面をもつ平面波1と，B_1C に垂直な波面をもつ平面波2の合成振幅で形成される．B_1A_2 間を伝搬するとき，平面波1による伝搬距離 B_1A_2 は

$$d/\sin\theta_m$$

となり，平面波2による伝搬距離 B_1C は

$$d\cos 2\theta_m/\sin\theta_m$$

となる．このとき，上記両波面間の位相差が 2π の整数倍でなければならない．位相は幾何学的距離と屈折率，真空中波数 k_0 の3つの積で得られる．幾何学的距離と屈折率の積を**光路長** (optical path length) と呼ぶので，位相は光路長と真空中波数の積ともいえる．

ところで，波面がコア・クラッド境界で反射するとき，反射1回につき位相変化 ϕ_R があり，この値は θ_m に依存する．光路中では反射が2回あるから，結局，位相条件は次のように書ける．

$$n_1 k_0 \frac{d}{\sin\theta_m}(1-\cos 2\theta_m)+2\phi_R = 2\pi m \tag{2.6}$$

ただし，m は整数である．式(2.6)は次のように整理できる．

$$(n_1 k_0 \sin\theta_m)2d + 2\phi_R = 2\pi m \tag{2.7}$$

式(2.7)は2次元光導波路における，幾何光学に基づく**固有値方程式**であり，光導波路構造が指定されたとき，導波路中に存在できるモードを決定するのに使用する．

横方向位相成分 χ を用いると，式(2.7)は次のように書ける．

$$2\chi d + 2\phi_R = 2\pi m \tag{2.8}$$

式(2.8)はコア部分を横方向に一往復したときの位相量の変化が，境界部分の効果も含めて，2π の整数倍のときに定在波がたつことを意味している．

コア・クラッド境界での反射による位相変化 ϕ_R は，厳密には光エネルギーの一部がクラッドへしみ込むために反射点がずれることに起因している（図2.2挿図参照）．これを**グース・ヘンヒェンシフト** (Goos-Hänchen shift) と

いう。これは

$$\phi_R = -2\tan^{-1}\left\{\frac{\sqrt{\cos^2\theta_m - (n_2/n_1)^2}}{g\sin\theta_m}\right\}$$

$$= -2\tan^{-1}\left(\frac{\sqrt{\sin^2\theta_c - \sin^2\theta_m}}{g\sin\theta_m}\right) \tag{2.9a}$$

$$g = \begin{cases} (n_2/n_1)^2 & : P \text{成分} \\ 1 & : S \text{成分} \end{cases} \tag{2.9b}$$

で表される。クラッドへしみ込む電界はクラッド部で指数関数的に減衰してしみ込むが，光エネルギーは流入しない。これは**エバネッセント成分**（evanescent component）といわれ，「むなしく消え去る」という意味をもつ。

m の大きな高次モードでは相対的にコア部の寄与が大きくなるため，光線近似が良い精度を与える。この近似は多モード導波路の場合に有効である。位相変化は光線の伝搬角度 θ_m に依存し，θ_m が微小なとき $\phi_R \fallingdotseq -\pi$，$\theta_m = \theta_c$ のとき $\phi_R = 0$ となる。これらを式(2.8)に代入して次式を得る。

$$\theta_m \fallingdotseq \begin{cases} (m+1)\lambda_0/2n_1 d & : \theta_m \text{が微小} \\ m\lambda_0/2n_1 d & : \theta_m = \theta_c \end{cases} \tag{2.10}$$

式(2.10)が意味するところは次のようにまとめられる。

① 固有値方程式は θ_m の離散値に対してのみ成立する。固有値方程式を満たす光電界と伝搬定数をもつ状態を**モード**と称する。
② 光線の伝搬角 θ_m と指数 m が1対1に対応している。
③ 高次モードほど伝搬角が大きい。
④ モード次数 m はコア中での電界の節の数に対応する（式(2.14)参照）。
⑤ 最低次モードは $m=0$ だから，m 次以下のモード総数は $(m+1)$ となる。

ここで，モード総数について波動光学的な扱いとの比較をしておく。光導波路での基本パラメータはVパラメータ v であり，これはスラブ導波路では

$$v \equiv \frac{2\pi(d/2)}{\lambda}\sqrt{n_1^2 - n_2^2} \tag{2.11}$$

で定義される。スラブ導波路ではモードが $v = \pi/2$ になる毎に発生するため，m 次モードは $v = m\pi/2$（m：整数）で発生する。よって，$v < \pi/2$ では最低次モードだけが伝搬する単一モード導波路となる。一般のVパラメータ v では，

$m\pi/2 < v$ を満たす最大の $m_{\max}$ について（$m_{\max}+1$）がモード総数となる。

§2.3　光導波路での電界形成

　光導波路断面は z 軸のどの位置においても同じ構造をしており，光が断面内方向に進行することはない。したがって，波動的に考えると，断面内では定在波がたっていると考えられる。断面内の定在波は，光軸と同じ角度 θ_m をなす2つの平面波の干渉によって生じる。

　図2.3(a)に示すように，コア内で2平面波の干渉を考える。同一周波数，等振幅の2つの平面波が，z 軸と角度 $\pm\theta_m$ をなして伝搬するとき，各平面波の振幅変化を

$$u_1 = A\cos[\omega t - (n_1 k_0 \sin\theta_m)x - (n_1 k_0 \cos\theta_m)z]$$
$$ = A\cos(\omega t - \kappa x - \beta z) \tag{2.12 a}$$
$$u_2 = A\cos[\omega t + (n_1 k_0 \sin\theta_m)x - (n_1 k_0 \cos\theta_m)z]$$
$$ = A\cos(\omega t + \kappa x - \beta z) \tag{2.12 b}$$

で表す。ただし，ω は角周波数，$n_1 k_0 = k = 2\pi/\lambda$ はコア中の波数，λ はコア中の波長，A は振幅である。

　2平面波が同相のとき，合成波の光強度は，光の周波数が高いために，長時間平均をとると時間項が定数になることを考慮して，

$$I = |u_1 + u_2|^2 = 2A^2\cos^2[(k\sin\theta_m)x]$$
$$ = A^2\{1 + \cos[4\pi x(\sin\theta_m)/\lambda]\} \tag{2.13}$$

で得られる。これは，x 方向の断面内では，位置だけに依存した，x 軸に関して対称な強度分布が形成されることを示している。このような，時間に対して不変の強度分布をもつ波を，**定在波**（standing wave）という。この光強度分布 I に対して，周期 Λ は

$$\Lambda = \frac{\lambda}{2\sin\theta_m} \fallingdotseq \frac{d}{m+1} \tag{2.14}$$

となる。式(2.14)で右の近似式は θ_m が微小なとき，式(2.10)を用いて導ける。

　干渉で形成される電界分布が，光導波路断面内での電界分布に近似的に対応する。式(2.13)で表される定在波はコア中心に対して対称なので，偶モードに対応している。このようにして求められた電界は，特にコア中心部では，グー

16 第2章 光の導波原理

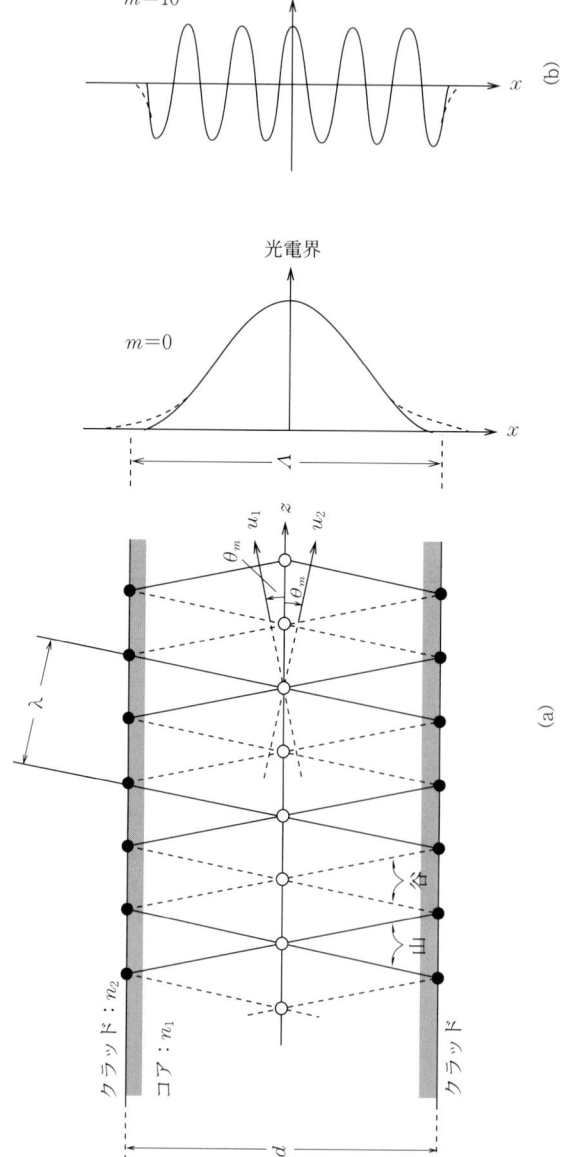

図 2.3 2平面波による定在波の形成
(a) 最低次モード ($m=0$) の場合
  実(破)線は振幅の山(谷)に対応した波面を表し,白(黒)丸は合成振幅の山(谷)を表す
(b) モード次数 $m=10$ の場合
  光電界での破線はガース・ヘンヒェンシフトを考慮したとき

§2.4 モードの分類

ス・ヘンヒェンシフトの影響をあまり受けないので，よい近似となっている。図 2.3(b) は $m=10$ の場合の電界分布概略である。

§2.4 モードの分類

光線の伝搬角が臨界角に等しくなるとき（$\theta_m = \theta_c$）の伝搬定数 β_c は

$$\beta_c = n_1 k_0 (1-\Delta) = n_2 k_0 \tag{2.15}$$

で表されるように，クラッド屈折率 n_2 と真空中波数 k_0 の積に等しくなる。ただし，

$$\Delta \equiv \frac{n_1{}^2 - n_2{}^2}{2 n_1{}^2} \fallingdotseq \frac{n_1 - n_2}{n_1} \tag{2.16}$$

はコア・クラッド間の**比屈折率差**（relative index difference）である。

いまの結果を利用すると，伝搬角 θ_m が $0 \leq \theta_m < \theta_c$，すなわち伝搬定数 β が $n_2 k_0 < \beta \leq n_1 k_0$ を満たすとき，光線はコア内で全反射を繰り返しながら伝搬し，光エネルギーがコア中に閉じ込められることがわかる（図 2.1 参照）。このときの電界分布を**伝搬（導波）モード**という。伝搬モードの伝搬角や伝搬定数は，式(2.10)に関連して述べたように，離散的な値だけが許容される。

伝搬角が $\theta_c \leq \theta_m$，すなわち伝搬定数が $|\beta| \leq n_2 k_0$ を満たす連続値に対しては，光エネルギーがコア側からクラッドへ漏れて放射される（図 2.1 参照）。この成分を**放射モード**という。各モードの伝搬定数分布の概略を図 2.4 に示す。

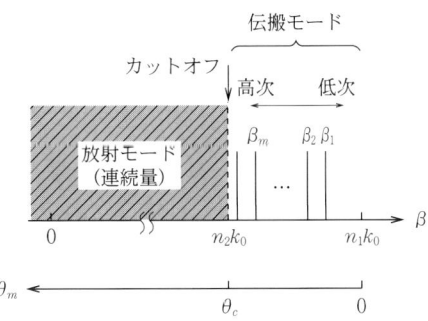

図 2.4　伝搬定数 β によるモードの分類
　　　　n_1：コア屈折率，n_2：クラッド屈折率，θ_c：臨界角

以上では 2 次元導波路について考察したが，光ファイバになると円筒座標系で考える必要があり，数学的には複雑になるが，基本的な考え方はほぼ同様である．

【演習問題】

2.1 光導波路における固有値方程式が定在波条件から導かれることを説明せよ．

2.2 コア幅 $d=20\mu\text{m}$，比屈折率差 $\Delta=1\%$，コア屈折率 $n_1=1.45$ の光導波路について，次の問いに答えよ．
  ① 臨界角 θ_c を求めよ．
  ② 波長 $\lambda_0=0.85\,\mu\text{m}$ で動作させるとき，伝搬可能な最大モード次数を光線近似で求めよ．
  ③ ②と同じ最大モード次数を波動光学的に求めよ．

2.3 光軸と角度 θ_m をなす 2 つの平面波からなる合成波において，2 成分の位相が π だけずれているとき，合成波はコア中心に対して奇関数の電界となることを示せ．

2.4 光導波路におけるモードについて次の問いに答えよ．
  ① モードの概念はどのような状況のもとで生まれるか．
  ② モードの特徴を列挙せよ．

第 3 章

光ファイバの基礎

　光ファイバ（optical fiber）はその導波構造を同心の円筒状にしたものである。中心部分をコア，その周辺部分をクラッドという。光エネルギーをコア中に集中させて遠くまで伝搬させるため，コアの屈折率をクラッドの屈折率よりも高くしている。光ファイバ媒質は誘電体からなり，石英が一番多く利用されている。石英系では $0.2\,\mathrm{dB/km}$ 以下の極低損失が達成されており，従来の伝送路にはない特徴を有しているため，光ファイバ通信以外にも計測や制御などに利用されている。

　本章では，光ファイバの屈折率分布，光ケーブル構造，光ファイバの基本パラメータなどを説明した後，円筒座標系での基本式について述べる。この基本式を利用して，後述するステップ形やグレーデッド形の基本特性を求める。

§3.1　光ファイバの概要

（1）　光ファイバと光ケーブルの構造

　代表的な光ファイバの断面内構造を図 3.1 に示す。光は屈折率の高い所に集中する性質がある。そこで，光ファイバでは同心円状の 2 層を設け，中心部の屈折率を周辺部よりも高めている。屈折率の高い中心部分を**コア**（core），そ

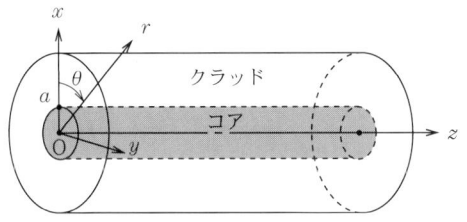

図 3.1　光ファイバ構造と座標系

の周辺部を**クラッド**(cladding)という。屈折率分布は長手方向に対して一様となっている。

　光ファイバ材料の典型である石英系光ファイバ製造時には，まず光ファイバよりはるかに太い母材が作製される。これを高温に熱して，糸を紡ぐのと同じように，光ファイバが線引きされる［石英系光ファイバの製造方法と損失特性を第6章で述べる］。石英系光ファイバそのままではキズがついて強度が落ちるので，線引き直後にその周囲に保護用の1次被覆が施される。これを**素線**という(図3.2(a)参照)。さらに光ファイバを防護するため，素線の周囲にプラスチックやナイロンなどを2次被覆し，太さ1mm程度の**心線**にする(同図(b)参照)。何本かの素線を横に並べてテープ状にする場合もある(同図(c)参照)。何本かの心線を単位としたり，テープ心線をさらに集合化して**光ケーブル**を作る(同図(d)参照)。光ファイバだけでは機械的強度が不十分なため，布設時に破損する恐れがある。そこで，光ケーブルの中心には，抗張力体が入っている。

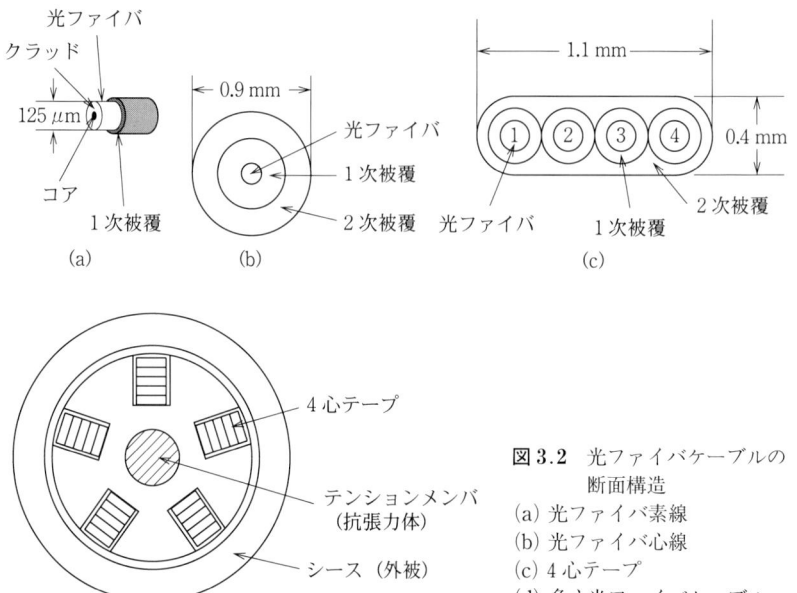

図3.2　光ファイバケーブルの断面構造
(a) 光ファイバ素線
(b) 光ファイバ心線
(c) 4心テープ
(d) 多心光ファイバケーブル(テープ用)

（2） 各種屈折率分布光ファイバの概要

　主な光ファイバの概要を表3.1に示す。代表的なのは**ステップ形**（step-index）光ファイバであり、これではコアとクラッドの境目で屈折率が階段状に変化しており、それぞれの領域で屈折率が一定値となっている。ステップ形は、最低次モードだけを伝搬させる単一モード光ファイバとしてよく使用される。単一モード光ファイバは、ひとつのモードだけしか伝搬しないため、光ファイバ伝搬時のパルス広がりが小さく、大容量伝送路としての用途がある。開発当初は、単一モード光ファイバのコア径が微小なために、光ファイバ接続が困難という問題点を抱えていたが、技術の進歩により克服され、実用化されるに至っている。

　ステップ形では、多くのモードを同時に伝搬させる多モード光ファイバもある。これは単一モード光ファイバよりもコア径が大きいために、光ファイバ接続、あるいは他の光部品との結合が容易という特徴をもつ。しかし、多くのモードの伝搬速度が異なるために、パルス広がりが大きくなり、あまり伝送帯域を広くとることができず、小容量伝送路として用いられる。

　次に重要なのは、**グレーデッド形**（graded-index）光ファイバであり、屈折率がコア中心からクラッドに向かって徐々に減少し、クラッドの屈折率は一

表3.1　各種光ファイバの概要

	屈折率分布	導波の様子	コア/クラッド径	比屈折率差	伝送帯域
ステップ形 単一モード 光ファイバ			$\approx 10/125\,\mu m$	$\approx 0.2\%$	5〜10 GHz·km
グレーデッド形 多モード 光ファイバ			$50/125\,\mu m$	1.0%	0.3〜2 GHz·km
ステップ形 多モード 光ファイバ			$50, 80/125\,\mu m$	1.0%	10〜50 MHz·km

定値である．グレーデッド形の中でもよく使用されるのは，コアでの屈折率が半径座標の2乗に比例して減少する，**2乗分布形**（square-law index）である．これは単一モード光ファイバよりもコア径が大きいために，光ファイバ接続や光結合が容易である．また，ステップ形多モード光ファイバよりも帯域が広いので，中容量の伝送路として用いられる．

光通信技術の進展により，特定の目的をもった光ファイバが必要となってきている．たとえば分散特性を制御して，分散が零になる波長をシフトさせるためには，三角形分布コアの光ファイバや，三角形分布コアの外側に突起をつけた光ファイバが使用されることがある．また，広い波長域で低い分散を確保するために，コアとクラッドの間に両者より屈折率の低い中間層があるW形，溝が複数ある多重クラッド形などが使用される．

通常使用される光ファイバの屈折率分布はコア中心に対して軸対称であるが，複屈折特性を利用するときには，意図的に非軸対称分布とした光ファイバが用いられる．

（3） 光ファイバ材料

光ファイバ材料として代表的なのは石英（SiO_2）である．石英では低損失でかつ安定な光ファイバが得られるので，長・中距離通信用に使用されており，特に材料を明記しない場合は石英であると考えてもよいくらいである．

光ファイバ材料としてプラスチックも用いられる．プラスチックファイバの特徴は，高い開口数が達成できること，低コスト，損失は石英に比べると大きいこと，などである．これはLANなどの短距離用に使われることが多い．プラスチックファイバは，従来はステップ形のみであったが，グレーデッド形も作製できるようになってきたので，その用途が広がりつつある．コアをプラスチック，クラッドを石英とした光ファイバもある．

§3.2 光ファイバの基本パラメータ

光ファイバの基本パラメータを図3.3で説明する．クラッドよりも屈折率が高くなったコアの半径 a は，光ファイバに伝搬させるモード数から決められている．単一モード光ファイバではコア径が小さく判別しにくいので，光強度が最大値の $1/e^2$（e：自然対数の底）になる部分の直径をとり，これを**モード**

§3.2 光ファイバの基本パラメータ

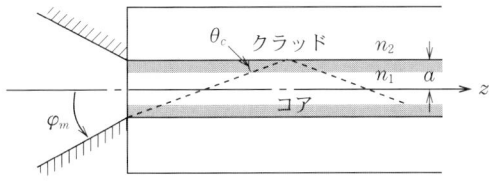

図 3.3 光ファイバの基本パラメータ

フィールド径 (mode field diameter) と呼んでいる。

光ファイバのコアとクラッドとの**比屈折率差**は，コアの屈折率を n_1，クラッドの屈折率を n_2 として，

$$\varDelta \equiv \frac{n_1{}^2 - n_2{}^2}{2n_1{}^2} \tag{3.1}$$

で定義されている。コアとクラッドの屈折率は通常近い値が用いられ，$\varDelta \ll 1$ を満たしている。比屈折率差の大きさは，帯域や曲げに対する強さから決定される。

光ファイバ特性を包括的に理解する上で重要なパラメータとして **V パラメータ** (V parameter) がある。これは

$$v \equiv \frac{2\pi a}{\lambda}\sqrt{n_1{}^2 - n_2{}^2} \tag{3.2}$$

で定義されている。v は，光ファイバの動作波長 λ と，コア半径 a，屈折率 n_1, n_2 のみで決まり，各パラメータの組み合わせが異なっていても，結果として同じ v の値を示せば，類似の特性を示す場合が多い。V パラメータは $\varDelta$ を用いて

$$v = \frac{2\pi a n_1 \sqrt{2\varDelta}}{\lambda} \tag{3.3}$$

とも書ける。

臨界角をなす光線が光ファイバの外でなす角 φ_m の大きさは，光ファイバへの入射光量に関係する。φ_m の正弦を**開口数** (NA: numerical aperture) と呼び，これは

$$\mathrm{NA} \equiv \sin\varphi_m|_{\theta_m = \theta_c} = \sqrt{n_1{}^2 - n_2{}^2} = n_1\sqrt{2\varDelta} \tag{3.4}$$

で定義される。開口数は，顕微鏡レンズで顕微鏡への入射光量を表す尺度として使われているものを，光ファイバに適用したものである。

§3.3　円筒座標系での基本式

　光ファイバのコアとクラッドは同心の円筒状構造をしているので，図 3.1 のように円筒座標系 (r, θ, z) で扱うのが便利である。この節では，円筒座標系における電磁界成分間の関係と波動方程式を説明する。

　光ファイバ材料は通常誘電体なので，媒質が非磁性（比透磁率 $\mu=1$）等方性で電流や電荷が存在しないとする。比誘電率 $\varepsilon=n^2$ が空間座標だけに依存する関数とするとき，マクスウェル方程式および構成方程式は

$$\nabla \times \boldsymbol{H} = \partial \boldsymbol{D}/\partial t \tag{3.5a}$$

$$\nabla \times \boldsymbol{E} = -\partial \boldsymbol{B}/\partial t \tag{3.5b}$$

$$\mathrm{div}\,\boldsymbol{D}=0, \quad \mathrm{div}\,\boldsymbol{B}=0 \tag{3.5c, d}$$

$$\boldsymbol{D}=\varepsilon\varepsilon_0\boldsymbol{E}, \quad \boldsymbol{B}=\mu_0\boldsymbol{H} \tag{3.6}$$

と書ける。ここで，$\boldsymbol{E}$ は電界，$\boldsymbol{H}$ は磁界，$\boldsymbol{D}$ は電束密度，$\boldsymbol{B}$ は磁束密度，ε_0 は真空中の誘電率，μ_0 は真空中の透磁率を表す。以降では，比誘電率 ε の空間変化は波長オーダでゆるやかであるとする。

　光の角周波数を ω とし，伝搬方向を z 軸にとる。媒質の比誘電率（屈折率 n）が横方向座標のみに依存して $\varepsilon(r, \theta)$ で表せ，z 方向に関して一様とする。このとき，第 2 章で導いたように，z 方向に伝搬の不変量が存在し，それを伝搬定数 β とおく。電磁界成分を横方向座標のみの関数として，進行波について光電磁界の時空変動因子を

$$\psi = \{\psi_r(r,\theta)\boldsymbol{e}_r + \psi_\theta(r,\theta)\boldsymbol{e}_\theta + \psi_z(r,\theta)\boldsymbol{e}_z\}\exp\{i(\omega t - \beta z)\}$$
$$: \psi = E, H \tag{3.7}$$

とおく。ただし，$\boldsymbol{e}_j$（添字 $j=r, \theta, z$）は各直交座標の単位ベクトルである。

　このとき，軸方向電磁界成分 ψ_z は次の偏微分方程式を満たす。

$$\frac{\partial^2 \psi_z}{\partial r^2} + \frac{1}{r}\frac{\partial \psi_z}{\partial r} + \frac{1}{r^2}\frac{\partial^2 \psi_z}{\partial \theta^2} + \chi^2 \psi_z = 0 \quad : \psi_z = E_z \quad \text{または} \quad H_z \tag{3.8}$$

ただし，

$$\chi^2 \equiv \omega^2 \varepsilon\varepsilon_0\mu_0 - \beta^2 = (nk_0)^2 - \beta^2 \tag{3.9}$$

とおいており，$k_0=\omega/c$ は真空中の波数，$c=1/\sqrt{\varepsilon_0\mu_0}$ は真空中の光速である。式 (3.8) は円筒座標系における波動方程式である。

　軸方向電磁界成分が既知ならば，横方向電磁界成分は次式で求められる。

$$E_r = -\frac{i}{\chi^2}\left(\beta \frac{\partial E_z}{\partial r} + \omega\mu_0 \frac{1}{r}\frac{\partial H_z}{\partial \theta}\right) \quad (3.10\,\mathrm{a})$$

$$E_\theta = -\frac{i}{\chi^2}\left(\beta \frac{1}{r}\frac{\partial E_z}{\partial \theta} - \omega\mu_0 \frac{\partial H_z}{\partial r}\right) \quad (3.10\,\mathrm{b})$$

$$H_r = -\frac{i}{\chi^2}\left(\beta \frac{\partial H_z}{\partial r} - \omega\varepsilon\varepsilon_0 \frac{1}{r}\frac{\partial E_z}{\partial \theta}\right) \quad (3.10\,\mathrm{c})$$

$$H_\theta = -\frac{i}{\chi^2}\left(\beta \frac{1}{r}\frac{\partial H_z}{\partial \theta} + \omega\varepsilon\varepsilon_0 \frac{\partial E_z}{\partial r}\right) \quad (3.10\,\mathrm{d})$$

式(3.10)は円筒座標系での横方向電磁界成分を軸方向成分の関数として表したものである。

円筒座標系で電磁界成分を求める手順は次のようにまとめられる。① まず，波動方程式(3.8)を解いて軸方向電磁界成分 E_z と H_z を求める。② 次に，それらを式(3.10)の右辺に代入すると，横方向電磁界成分が得られ，全電磁界成分の形式解が決定されたことになる。③ 光ファイバの電磁界を決定するには，後述する（§4.1参照）境界条件も満たす必要がある。

ステップ形やグレーデッド形光ファイバの電磁界などの基本特性を求める際には，式(3.8)がその出発式となる。

【演習問題】

3.1 開口数 NA について次の問いに答えよ。
　① 開口数がもつ物理的意味を述べよ。
　② コア屈折率が $n_1=1.45$，比屈折率差が $\varDelta=0.2\%$ のときの NA を求めよ。

3.2 光ファイバがガラス材料からできているにもかかわらず，布設の際にも破損しないようにするため，どのような工夫がなされているか説明せよ。

第4章

ステップ形光ファイバの基本特性

　コアとクラッドの屈折率が各領域で一定で，コア・クラッド境界で屈折率が階段状に変化し，コアとクラッドの断面形状が同心円となっている光ファイバを，**ステップ形**（step-index）という．この章ではステップ形光ファイバの電磁界分布，固有値方程式などの基本特性のみを扱い，損失・分散特性はそれぞれ第6，7章で扱う．

　前半ではステップ形光ファイバにおける特性を決める上で基本となる固有値方程式と電磁界分布を説明し，伝搬モードの分類をする．後半では，コアとクラッドの屈折率が接近していることを利用した，実用上重要な弱導波近似のもとでの光ファイバの各種特性を説明し，その有用性を明らかにする．

§4.1　電磁界分布と固有値方程式

　光ファイバでは，コアの屈折率 n_1 の方がクラッドの屈折率 n_2 よりも高いが，両屈折率の差は空気中の屈折率に比べれば微小である．よって，光ファイバを伝搬する光波は，通常コア・クラッド境界で電界が零になることなく，クラッドまで広がっている．このような導波路を，マイクロ波で使用する導波管ではその境界で電界が完全に零となっている場合と対照させて，**開放形導波路**という．

　光ファイバは円筒形をしているので，解析の便のため，光の伝搬方向を z 軸にとり，円筒座標系 (r, θ, z) を用いる（図3.1参照）．コア半径を a，z 方向の伝搬定数を β で表す．波動方程式(3.8)の解として

$$\psi_z = F(r)\exp(i\nu\theta)\exp\{i(\omega t - \beta z)\}$$

の変数分離形を想定する．コア・クラッドの各領域で屈折率が一定なステップ形の場合，電磁界関数 $F(r)$ はベッセル関数で記述される．

§4.1 電磁界分布と固有値方程式

コア中心で有界となり，無限遠で零に収束する関数を用いて，コアとクラッドのそれぞれにおける電磁界は次のように書ける．

$$\begin{Bmatrix} E_z \\ H_z \end{Bmatrix} = \begin{Bmatrix} A \\ B \end{Bmatrix} J_\nu\left(\frac{ur}{a}\right) \begin{Bmatrix} \cos(\nu\theta) \\ \sin(\nu\theta) \end{Bmatrix} \quad : 0 \leq r \leq a \quad (4.1\,\mathrm{a})$$

$$= \begin{Bmatrix} C \\ D \end{Bmatrix} K_\nu\left(\frac{wr}{a}\right) \begin{Bmatrix} \cos(\nu\theta) \\ \sin(\nu\theta) \end{Bmatrix} \quad : r \geq a \quad (4.1\,\mathrm{b})$$

ここで，J_ν は ν 次ベッセル関数，K_ν は変形ベッセル関数である（図 4.1 参照）．u と w は

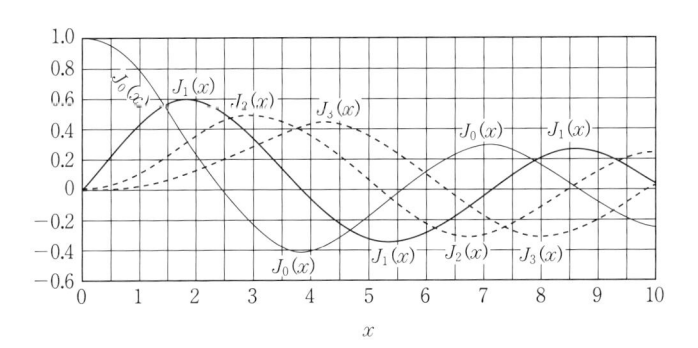

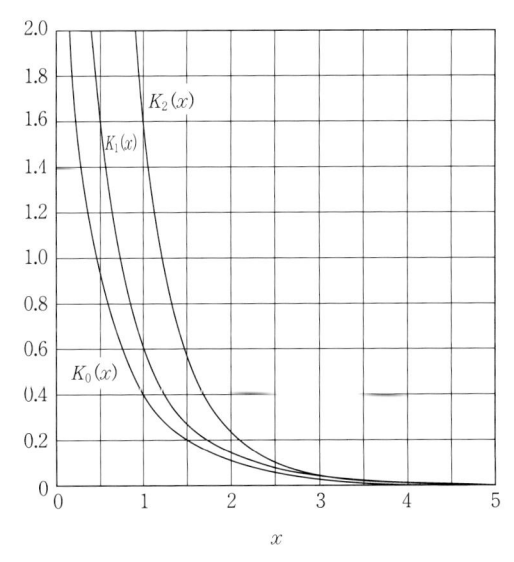

図 4.1 ベッセル関数 $J_n(x)$ および変形ベッセル関数 $K_n(x)$ の値
（森口，宇田川，一松：『数学公式III』，岩波書店 (1960)，p.148，図 6.2 と p.171，図 6.4．図 4.1(b) における K_2 は筆者が計算し，追加したもの．）

$$u \equiv \sqrt{(n_1 k_0)^2 - \beta^2}\, a \tag{4.2 a}$$

$$w \equiv \sqrt{\beta^2 - (n_2 k_0)^2}\, a \tag{4.2 b}$$

で定義される横方向規格化伝搬定数であり，それぞれコアとクラッドにおける電磁界の半径方向減衰率に対応する．k_0 は真空中の波数である．式(4.1)における2つの三角関数は光ファイバ断面の軸対称性による縮退効果を表し，ν は**方位角モード次数**（整数）である．

式(4.1)における振幅係数 A, B, C, D は，コア・クラッド境界 $r=a$ で電磁界の接線成分（$E_z, E_\theta, H_z, H_\theta$）が連続であるという，境界条件から決定される．境界条件を適用すると，上記電界係数と同時に，u と w の間に成立する関係式

$$\left\{\frac{J_\nu'(u)}{u J_\nu(u)} + \frac{K_\nu'(w)}{w K_\nu(w)}\right\}\left\{\frac{n_1^2 J_\nu'(u)}{u J_\nu(u)} + \frac{n_2^2 K_\nu'(w)}{w K_\nu(w)}\right\}$$

$$= \nu^2 \left(\frac{1}{u^2} + \frac{1}{w^2}\right)\left\{\left(\frac{n_1}{u}\right)^2 + \left(\frac{n_2}{w}\right)^2\right\} \tag{4.3}$$

が得られる．ただし，ダッシュは各変数（u または w）についての微分を表す．式(4.3)はステップ形光ファイバに対する**固有値（特性）方程式**である．固有値方程式は光ファイバ特性を特徴づけるものであり，これから光ファイバ中を伝搬するモードの各種特性が導かれる．

式(4.2 a, b)より直ちに次の関係が導かれる．

$$v \equiv \sqrt{u^2 + w^2} \tag{4.4 a}$$

$$= \frac{2\pi a}{\lambda}\sqrt{n_1^2 - n_2^2} \tag{4.4 b}$$

v は **V パラメータ**または**規格化周波数**，**正規化周波数**と呼ばれ，光ファイバ特性を包括的に表す上で重要なパラメータである．v は，光ファイバの動作波長 λ と構造パラメータである，コア半径 a, 屈折率 n_1, n_2 のみで決まり，u や w のように，伝搬定数に依存することがない．動作波長 λ や構造パラメータの個々の値が異なっていても，結果として同じ v になれば，近似的に同一の特性を示す場合が多い．

光ファイバの電磁界分布などの基本特性は，次のような手順で求められる．

① 固有値方程式(4.3)の解を求めると，たとえば図4.2に示すように，u と w の関係，すなわち u-w 特性が得られる．

② 光ファイバ構造パラメータ（a, n_1, n_2）と動作波長 λ から，式(4.4 b)を

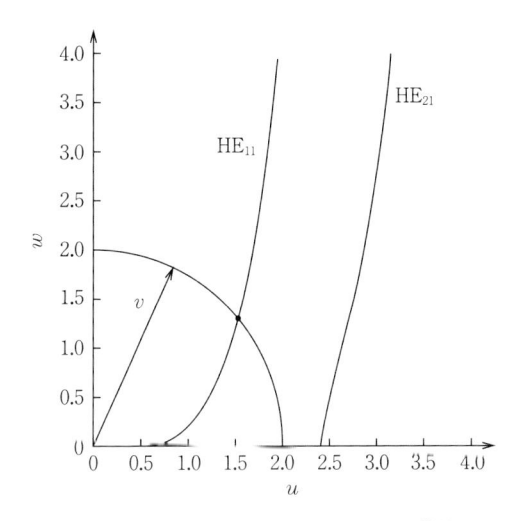

図 4.2 ステップ形光ファイバの u-w 特性

用いて V パラメータ v を決める。
③ u-w 特性上で V パラメータ v を半径として円を描くと，式(4.4a)から予測できるように，両者の交点がある特定の v に対して動作可能な u と w の組合せとなる。
④ 伝搬定数 β が，u または w と構造パラメータを用いて，式(4.2)より決められる。
⑤ 上記値を式(4.1)に代入して軸方向電磁界分布が求められる。
⑥ 式(3.10)を用いて横方向電磁界分布が求められる。

§4.2 伝搬モードと放射モード

光ファイバ中で存在が許される電磁界分布は特定のものだけである。長距離にわたって存在が許容されるものを**伝搬モード** (propagation mode) または**導波モード** (guided mode) という。伝搬モードは固有値方程式を満たし，その伝搬定数 β は $n_2 k_0 \leqq \beta \leqq n_1 k_0$ (n_1：コアの屈折率，n_2：クラッドの屈折率，k_0：真空中の波数) を満たす離散値のみである (図 2.4 参照)。このとき，u と w がともに実数である。伝搬モードを幾何光学的に分類すると 2 種類ある。それは，図 4.3 に示すように，光軸を含む面内で反射しながら伝搬する**子午光線** (meridional ray) と，コア・クラッド境界で反射し，光軸の周りを周回し

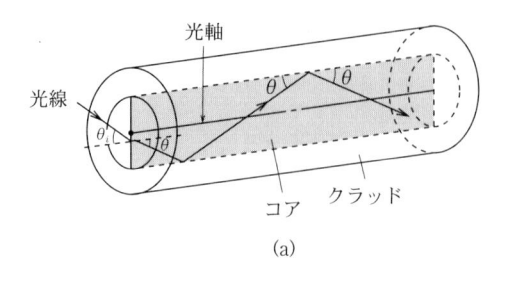

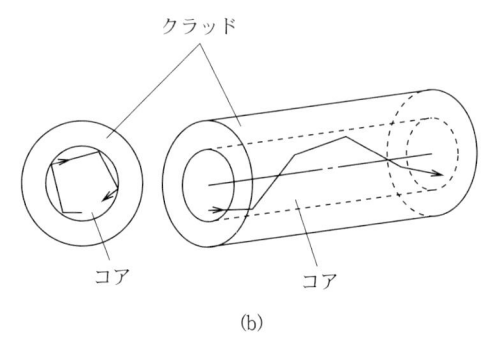

図 4.3 ステップ形光ファイバにおける伝搬モード（光線近似）
(a) 子午光線　(b) らせん光線

ながら伝搬する**らせん光線**（helical ray）である。

クラッドより光ファイバの外へ漏れる光波を**放射モード**（radiation mode）という。このときの伝搬定数は $|\beta| \leq n_2 k_0$ を満たす連続的な分布であり，w が虚数となる。幾何光学近似での放射モードは図 2.1 で示した通りである。

伝搬モードと放射モードの境目，すなわち，光ファイバ中に閉じ込められるぎりぎりの状態を**遮断**（cut-off）または**カットオフ**という。このとき，$\beta = n_2 k_0$，つまり $w=0$ である。カットオフに対応する V パラメータを遮断（カットオフ）V 値 v_c，そのときの波長を遮断（カットオフ）波長 λ_c と呼ぶ。カットオフ V 値とカットオフ波長は

$$v_c = \frac{2\pi a}{\lambda_c}\sqrt{n_1{}^2 - n_2{}^2} \tag{4.5}$$

を満たしている。カットオフの実用的意味は次のようにまとめられる。

① あるモードについて，カットオフ V 値 v_c より大きな規格化周波数の光（$v_c \leq v$）は伝搬する。

② カットオフ波長 λ_c より短波長側の光 ($\lambda \leq \lambda_c$) は伝搬する。

このような状況は次のようにして理解できる。一般に，光ファイバ内の電磁界分布は，V パラメータ v が小さくなるほど，クラッドへの広がりが大きくなる。したがって，v が小さくなるにつれて，クラッドでの電磁界の傾きがゆるやかになり，カットオフ直前にはクラッドでの電磁界分布がほぼ平坦になり，導波能力が落ちる。そしてカットオフに達すると，電磁界がもはや光ファイバに閉じ込められなくなり，光ファイバから外部へ放射されるようになる。

§4.3 ステップ形の伝搬モード

ステップ形の伝搬モードは TE モード，TM モード，ハイブリッドモードに分類される。この節では，これらのモードの固有値方程式と伝搬定数を説明する。

(1) TE モード

$\nu=0$ のとき，式(4.1)で $A=C=0$ とおくと軸方向電界成分が $E_z=0$ となり，**TE モード**が得られる。このとき非零値として H_r, E_θ, H_z 成分をもち，固有値方程式は式(4.3)の左辺第 1 項目 { }=0 で与えられる。つまり，

$$\frac{J_0'(u)}{uJ_0(u)} + \frac{K_0'(w)}{wK_0(w)} = 0 \tag{4.6}$$

固有値方程式で $J_0(u)$ は u に対して振動特性を示すため（図 4.1 参照），解は u に対して多値特性を示す。そこで，カットオフ V 値 v_c が小さなモードから順に μ (**半径方向モード次数**：radial mode number) で区別し，これを TE$_{0\mu}$ モードと呼ぶ。

(2) TM モード

$\nu=0$ のとき，式(4.1)で $B=D=0$ とおいて得られ，軸方向磁界成分が $H_z=0$ となり，**TM モード**となる。このとき，E_r, H_θ, E_z 成分が非零となり，固有値方程式は式(4.3)の左辺第 2 項目 { }=0 である。すなわち，

$$\frac{n_1^2 J_0'(u)}{uJ_0(u)} + \frac{n_2^2 K_0'(w)}{wK_0(w)} = 0 \tag{4.7}$$

このときも解を半径方向モード次数 μ で区別し，TM$_{0\mu}$ モードという。

（3） ハイブリッドモード

式(4.3)で $\nu \neq 0$ のとき，軸方向電磁界成分 E_z, H_z 両成分をもち，これを**ハイブリッドモード**（hybrid mode）と呼ぶ．これには2種類のモードがあり，モードの区別は

$$p \equiv \frac{H_z}{YE_z} = \frac{\nu\{(1/u^2)+(1/w^2)\}}{(J_\nu'/uJ_\nu)+(K_\nu'/wK_\nu)}$$

$$\left(\fallingdotseq \mp 1 - \Delta\frac{u^2}{v^2}\left\{\frac{wK_\nu'(w)}{\nu K_\nu(w)} \pm 1\right\}\right) \tag{4.8}$$

のように，E_z と H_z の規格化した電磁界成分比で行う．ただし，$Y \equiv n \times \sqrt{\varepsilon_0/\mu_0}$ は特性アドミッタンスである．

$\nu \geqq 1$ のとき，$p<0$（$p>0$）となる電磁界成分を有するものを HE（EH）モードと呼び，これらを $\text{HE}_{\nu\mu}$，$\text{EH}_{\nu\mu}$ モードと書く．μ は，TE モード同様，特定の方位角モード次数 ν に対して，カットオフ V 値 v_c が小さなモードから順に番号を付ける．HE, EH いずれのモードでも，軸方向電磁界 E_z, H_z 成分の大きさは横方向成分に比べると微小である．

ハイブリッドモードの固有値方程式は式(4.3)で得られるが，非常に煩雑である．そこで，実用的には次節で述べる弱導波近似が便利である．式(4.8)の最後の括弧内は，次節で述べる弱導波近似のもとでの表示で，複号は上（下）側が HE（EH）モードに対応する．

（4） 伝搬モード数

ステップ形光ファイバに対する伝搬定数の数値例を図4.4に示す．ステップ形の場合，HE_{11} モードが最低次モードとなっている．図からわかるように，このモードは V パラメータがいくら小さくなってもカットオフをもたない．つまり，HE_{11} モードは，どのような動作条件のもとでも伝搬可能なので，**基本モード**（fundamental mode）とも呼ばれる．$v<2.405$（J_0 の最初の零点）を満たす V パラメータでは，基本モードである HE_{11} モードだけが伝搬する**単一モード光ファイバ**（single-mode fiber）となる．広帯域光ファイバは通常，単一モード光ファイバで実現されている．

単一モード光ファイバで留意すべき点は，これは伝搬モードが1つだけの光ファイバを指すのであって，屈折率分布がステップ形に限定されているのではないということである．実用上はステップ形が多いのは事実である．

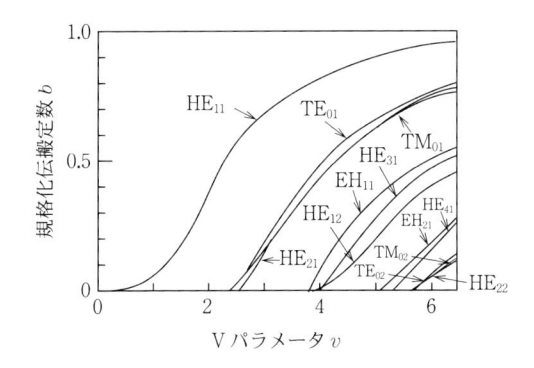

図 4.4 ステップ形光ファイバの規格化伝搬定数
$b \doteqdot \dfrac{(\beta/k_0) - n_2}{n_1 - n_2}$ の定義は式(4.15)　β：伝搬定数　k_0：真空中の波数
n_1：コアの屈折率　n_2：クラッドの屈折率

伝搬可能なモード数は，式(4.3)から得られる解曲線群と式(4.4)の交点の数を数えて求められる．縮退も考慮すると，Vパラメータ v が十分大きなとき，伝搬モード数は次式で近似できる．

$$N_s \doteqdot \dfrac{v^2}{2} \tag{4.9}$$

【数値例】 石英系光ファイバで単一モード条件を満たす一例は，波長 $\lambda = 1.55\,\mu\mathrm{m}$，比屈折率差 $\Delta = 0.2\%$ のとき，コア直径 $2a \doteqdot 13\,\mu\mathrm{m}$ である．

§4.4 弱導波近似

コアとクラッドの屈折率は，空気中の屈折率と対比すれば，非常に接近している．よって，光ファイバの比屈折率差 $\Delta \equiv (n_1^2 - n_2^2)/2n_1^2$ は，通常 $\Delta \ll 1$ を満たしている．この条件を使ったときを，**弱導波近似**（weakly guiding approximation）と呼ぶ．

光ファイバ特性における弱導波近似の意義は次のようにまとめられる．

① 固有値方程式や電界分布などのいくつかの関係式が簡単化される上に，実用上十分な精度が得られる．
② 伝搬モードが直線偏光で表示されるため，式の取り扱いが容易になる．
③ より構造の簡単なスラブ導波路（p. 11参照）と類似の関係を示すので，

特性の見通しがよくなる。
④ 伝搬定数が $\beta \fallingdotseq n_1 k_0$ で近似できる。

（1） LP モード表示

弱導波近似（$\Delta \to 0$）のもとで，電磁界成分は次のように書ける。

$$E_y = \begin{cases} A_1 J_\nu(ur/a) \\ A_2 K_\nu(wr/a) \end{cases} \cos(\nu\theta) \quad \begin{array}{l} : 0 \leq r \leq a \\ : r \geq a \end{array} \tag{4.10 a}$$

$$E_z = \frac{i}{2\beta a} \left[\begin{cases} A_1 u J_{\nu+1}(ur/a) \\ A_2 w K_{\nu+1}(wr/a) \end{cases} \sin(\nu+1)\theta \right.$$

$$\left. + \begin{cases} A_1 u J_{\nu-1}(ur/a) \\ -A_2 w K_{\nu-1}(wr/a) \end{cases} \sin(\nu-1)\theta \right] \tag{4.10 b}$$

$$H_x = -YE_y, \quad E_x = H_y = 0 \tag{4.10 c}$$

ここで，上（下）段はコア（クラッド）に対するものであり，A_1，A_2 は境界条件から決まる係数，Y は特性アドミッタンスである。弱導波近似のもとでは，x または y 方向に偏光した直線偏光の伝搬モードが得られるので，これを **LP モード**（linearly polarized mode）表示という。LP モードは HE$_{\nu+1,\mu}$（電磁界成分比：$p \fallingdotseq -1$）と EH$_{\nu-1,\mu}$ モード（$p \fallingdotseq 1$）の電界を重ね合わせて得られる。LP モードは式(4.10 c)に表されるように，スラブ導波路と同じ関係を満たすので，光ファイバより構造が簡単なスラブ導波路と類似の性質を示すことが予測される。

式(4.10)から得られる電磁界成分のコア・クラッド境界における連続条件から，固有値方程式が

$$\frac{u J_{\nu\pm1}(u)}{J_\nu(u)} = \pm \frac{w K_{\nu\pm1}(w)}{K_\nu(w)} \quad \text{（複号同順）} \tag{4.11 a}$$

で，電界係数比が

$$\frac{A_2}{A_1} = \frac{J_\nu(u)}{K_\nu(w)} \tag{4.11 b}$$

で得られる。LP モードに対する固有値方程式(4.11)は，厳密な固有値方程式(4.3)に比べて，はるかに簡単な形になっている。

式(4.11)には，横方向の規格化伝搬定数である u と w だけが含まれている。u と w の間には $u^2 + w^2 = v^2$ なる拘束条件があることを想起すると，弱導波近似のもとでは，u と w がともに V パラメータ v のみの関数，つまり $u(v)$，$w(v)$ になることがわかる。この事実と式(4.10 a)を参照すると，横軸

§4.4 弱導波近似

をコア半径で規格化した座標 r/a を用いると，LP モードの横方向電磁界分布が V パラメータのみで決まることもわかる。

式(4.11 a)の複号のうち，上（下）側は HE（EH）モードに対応している。LP モードと従来のより厳密なモードとの関係は次のようにまとめられる。

① LP_{01} モード ······ HE_{11} モード（基本モード）
② $LP_{1\mu}$ モード ······ $TE_{0\mu}$, $TM_{0\mu}$, $HE_{2\mu}$ モード
③ $LP_{\nu\mu}$ モード（$\nu \geq 2$）······ $HE_{\nu+1,\mu}$ と $EH_{\nu-1,\mu}$ モードが縮退

以上の結果をまとめて，低次伝搬モードについて，LP モードと従来のモード命名法との対応を表 4.1 に示す。$LP_{\nu\mu}$ モードでの次数 ν, μ は電界の光強度分布における θ, r 方向の節の数に相当する。

HE_{11}（LP_{01}）モードの電界分布を図 4.5 に示す。電界がコア・クラッド境界で零となることなく，クラッドにも広がっており，光ファイバが開放形導波路といわれる様子がよくわかる。V パラメータ v の増加につれて，光のコアへの閉じ込めがよくなっている様子は次のようにして説明できる。LP モードについての u-w 特性は，定量的にはスラブ導波路（屈折率が異なる複数の層状構造で導波させるもで，導波の基本構造。図 2.2 参照）と異なるが，その概形はスラブ導波路のものとよく似ている。よって，大きな V パラメータ v に対しては，u よりも w が大きくなる傾向がある（図 4.2 参照）。したがって，電界 E_y は v の増加とともに，クラッド部分での減衰率が大きくなり，光のコ

表 4.1 ステップ形光ファイバの伝搬モード

$LP_{\nu\mu}$ モード	LP_{01}	LP_{11}			LP_{21}		$LP_{1\mu}$	$LP_{\nu\mu}$
カットオフ	なし	$v_c=2.405$			$v_c=3.832$			$J_{\nu-1}(v)=0$ の μ 番目の零点
従来のモード命名法	HE_{11}	TE_{01}	TM_{01}	HE_{21}	HE_{31}	EH_{11}	$TE_{0\mu}$ $TM_{0\mu}$ $HE_{2\mu}$	$HE_{\nu+1,\mu}$ $EH_{\nu-1,\mu}$ ($\nu \neq 0, 1$)
従来モードの電界分布								
LP モードの光強度分布	断面分布	断面分布	半径方向分布	断面分布	断面分布	半径方向分布		ν は方位角方向の節の数に対応

電界分布は断面内分布であり，矢印は電界の向きを表す

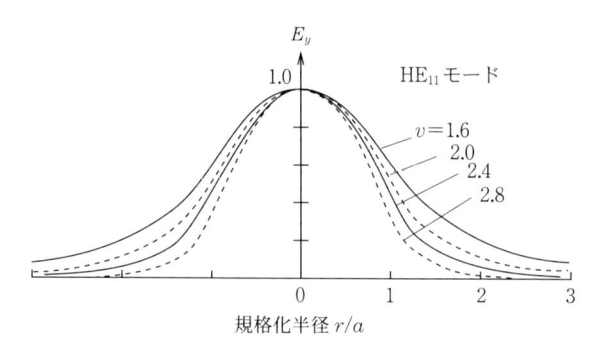

図 4.5 ステップ形光ファイバにおける $HE_{11}(LP_{01})$ モードの電界分布の V パラメータ依存性
r：半径方向座標，a：コア半径

アへの閉じ込めがよくなってくる。LP_{01} モードの光強度分布はガウス関数に近い形をしている。

（2） 弱導波近似のもとでの各種特性パラメータ

弱導波近似のもとでは，V パラメータ v と比屈折率差 Δ は次式で近似できる。

$$v \fallingdotseq \frac{2\pi a n_1 \sqrt{2\Delta}}{\lambda} \tag{4.12}$$

$$\Delta \fallingdotseq \frac{n_1 - n_2}{n_1} \tag{4.13}$$

また，伝搬モードの伝搬定数 β は次のように近似できる。

$$\beta \fallingdotseq n_2 k_0 \{1 + b(v)\Delta\} \tag{4.14}$$

ただし，n_2 はクラッドの屈折率，k_0 は真空中の波数である。規格化伝搬定数 $b(v)$ は

$$b(v) \equiv \frac{(\beta/k_0)^2 - n_2^2}{n_1^2 - n_2^2} = \frac{w^2}{v^2} \tag{4.15}$$

となる。式(4.15)より $b(v) \fallingdotseq \{(\beta/k_0) - n_2\}/(n_1 - n_2)$ と近似できるから，規格化伝搬定数は伝搬定数を真空中波数で規格化して屈折率と同じ次元にした (β/k_0) が，コアとクラッドの屈折率の間のどのあたりに相当しているかの目安になる。式(4.15)は，この $b(v)$ が V パラメータのみで決まることを示している。伝搬モードでは $n_2 k_0 \leq \beta \leq n_1 k_0$ と記述できることを想起すると，$0 \leq b(v) < 1$ である。LP モードが縮退している様子は図 4.4 からも裏付けられ

る。弱導波近似では $\Delta \ll 1$ だから，式(4.14)より $\beta \fallingdotseq n_1 k_0$ (n_1：コアの屈折率) の近似が使える。

伝搬光パワはポインティング (Poynting) ベクトルを利用して

$$P_g = \frac{1}{2}\int_0^{2\pi}\int_0^{\infty}(E_x H_y^* - E_y H_x^*)\, r\, dr\, d\theta \tag{4.16}$$

で計算できる。LP モードの伝搬光パワが

$$P_g = \frac{A_1^2}{4} s_\nu Y \pi a^2 \left(\frac{v}{w}\right)^2 J_{\nu+1}(u) J_{\nu-1}(u) \tag{4.17}$$

で得られる。ここで，s_ν は $\nu=0$ のモードに対して 2，その他の ν に対して 1 をとるものとし，A_1 は式(4.10a)におけるコアでの電界係数，Y は特性アドミッタンスである。

ステップ形単一モード光ファイバにおける，コア中を伝搬する光パワ P_{co} と全伝搬光パワ P_g の比は

$$H(v) \equiv \frac{P_{co}}{P_g} = \left(\frac{w}{v}\right)^2 \frac{J_0^2(u) + J_1^2(u)}{J_1^2(u)} \tag{4.18}$$

で得られる。弱導波近似のもとでは，コア内伝搬パワ比 P_{co}/P_g は V パラメータ v のみに依存する。単一モード動作条件 $v=2.4$ のもとでは $P_{co}/P_g \fallingdotseq 0.83$ である（図 7.4 参照）。

【演習問題】

4.1 次の構造をもつステップ形光ファイバの特性値を弱導波近似のもとで求めよ。
  ① 石英系光ファイバ（コア屈折率 $n_1=1.45$）を用いて，波長 $\lambda=1.55\,\mu m$ において単一モードで動作させる場合，比屈折率差 Δ とコア半径 a の間に成立すべき条件を求めよ。
  ② コア半径 $a=25\,\mu m$，コア屈折率 $n_1=1.45$，$\Delta=1\%$，$\lambda=1.55\,\mu m$ の場合，コア・クラッド境界における臨界角，開口数，V パラメータ，伝搬モード数を求めよ。

4.2 ステップ形光ファイバの基本特性を決める上で，境界条件の果たす役割を説明せよ。

4.3 伝搬モードと放射モードについて，その概要を，波動光学と幾何光学の両面から説明せよ。

4.4 弱導波近似が使える根拠と意義を説明せよ。また，弱導波近似の利点と欠点をまとめよ。

4.5 光ファイバの基本特性を考える上で，V パラメータ v のもつ意義を説明せよ。

また，弱導波近似のもとで，v だけで決まる特性の例をまとめよ。

4.6 弱導波近似におけるステップ形光ファイバに対する固有値方程式(4.11 a)を，式(4.10)に境界条件を適用して導け。

4.7 次に術語の内容と物理的意義を説明せよ。
 (1) 固有値方程式　(2) 伝搬定数　(3) 開口数

第 5 章

グレーデッド形光ファイバの基本特性

　コア中心の屈折率が高く，中心から離れるにしたがって屈折率が徐々に減少する光ファイバを**グレーデッド形**（graded-index）光ファイバという。グレーデッド形はコア径が比較的大きくでき，かつ広帯域となるので，光ファイバ通信でよく使用される。グレーデッド形は多モード光ファイバとして使用される場合がほとんどであり，この場合には光線近似が使える。

　この章では，グレーデッド形のうちでも実用上重要な，2乗分布形の電磁界分布や固有値方程式などの基本特性をまず説明する。その後，より一般的なグレーデッド形の基本特性をWKB法で扱う。応用上重要な分散特性は第7章で扱う。

§5.1　2乗分布形光ファイバの基本特性

（1）　光通信における2乗分布形の重要性

　光ファイバ通信において2乗分布形光ファイバが注目される理由は，グレーデッド形多モード光ファイバのうちで，2乗分布形光ファイバが最も広帯域となるからである。

　2乗分布形光ファイバとは，次のベキ乗分布形

$$n^2(r) = \begin{cases} n_1^2\{1-2\varDelta(r/a)^\alpha\} = n_1^2\{1-(gr)^\alpha\} & : 0 \leq r \leq a \\ n_2^2 = n_1^2(1-2\varDelta) & : r \geq a \end{cases} \tag{5.1}$$

$$g \equiv (2\varDelta)^{1/\alpha}/a \tag{5.2}$$

において，ベキ乗指数を $\alpha=2$ に設定したものである（図5.1（a）参照）。ただし，a はコア半径，n_1 はコア中心の屈折率，n_2 はクラッドの屈折率，$\varDelta \equiv (n_1-n_2)/n_1$ はコアとクラッド間の比屈折率差，g は**集束定数**（focusing constant）である。ベキ乗分布形(5.1)は，実用上重要なステップ形（$\alpha \to \infty$）と

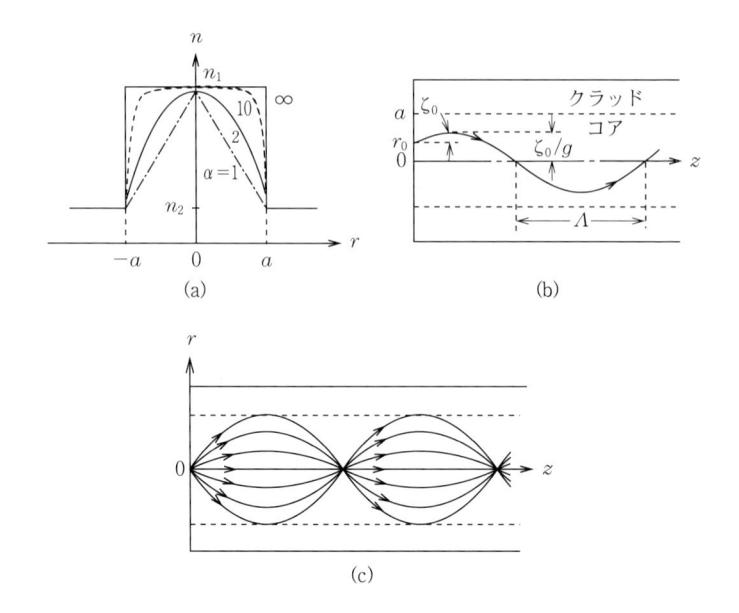

図 5.1 ベキ乗分布光ファイバにおける光線伝搬
　　　(a) ベキ乗屈折率分布　(b) 2 乗分布形における基本パラメータ
　　　(c) 2 乗分布形における光線伝搬

2 乗分布形をともに含んでいる点で有用である。

　グレーデッド形光ファイバでは，コア中心で屈折率が最も高く，コア周辺部にいくほど屈折率が低く，次項で示すように，光線はコア中で光軸の両側を蛇行しながら伝搬することがわかっている。ところで，光速は媒質の屈折率 n に逆比例する。したがって，蛇行する光線はコア中を直進する光線に比べて多くの距離を伝搬するが，コア周辺部では伝搬速度が速いので，蛇行光線と直進光線など，伝搬角の異なる光線の伝搬時間差が減少する。こうして，適切なベキ乗指数を有するグレーデッド形では，各モードの伝搬時間差が小さくなる結果，広帯域通信が可能となる。

　伝搬角度が異なる光線について，伝搬時間が近似的に等しくなることを**速度等化**という。速度等化を満たす屈折率分布は，厳密には，子午光線とらせん光線（後掲の図 5.5 参照）とで異なり，

$$n(r) = n_1 \operatorname{sech}\left\{\sqrt{2\varDelta}\left(\frac{r}{a}\right)\right\} \quad :\text{子午光線} \tag{5.3 a}$$

$$n(r)=\frac{n_1}{\sqrt{1+2\varDelta(r/a)^2}} \quad :らせん光線 \quad (5.3\,\mathrm{b})$$

となることが知られている.式(5.3 a, b)は,弱導波近似 ($\varDelta \ll 1$) のもとで $\varDelta$ について展開すると,いずれも等しく2乗分布形

$$n^2(r)=n_1{}^2\left\{1-2\varDelta\left(\frac{r}{a}\right)^2\right\}=n_1{}^2\{1-(gr)^2\} \tag{5.4}$$

に帰着できる.これらのことは,弱導波近似が成立する場合には,2乗分布形で子午光線とらせん光線の伝搬速度を等しくできることを意味している.以下で,2乗分布形の各種特性を調べる.

(2) 光線の伝搬経路

 この項では2乗分布形を幾何光学的に扱う.光線の経路を求める基本式である**光線方程式**は,屈折率分布 $n(\boldsymbol{r})$ が位置座標のみの関数として与えられるとき,

$$\frac{d}{ds}\left\{n(\boldsymbol{r})\frac{d\boldsymbol{r}}{ds}\right\}=\mathrm{grad}\{n(\boldsymbol{r})\} \tag{5.5}$$

で表される.ただし,$\boldsymbol{r}$ は位置ベクトル,s は光線の経路に沿った座標を表す.屈折率が r のみの関数のとき,この式は円筒座標系 (r,θ,z) では

$$\frac{d}{ds}\left(n\frac{dr}{ds}\right)-nr\left(\frac{d\theta}{ds}\right)^2=\frac{dn}{dr} \quad :r\,成分$$

$$n\frac{dr}{ds}\frac{d\theta}{ds}+\frac{d}{ds}\left\{nr\left(\frac{d\theta}{ds}\right)\right\}=0 \quad :\theta\,成分$$

$$\frac{d}{ds}\left\{n\left(\frac{dz}{ds}\right)\right\}=0 \quad :z\,成分$$

と書ける.

 2乗分布形でコア半径を a,光の伝搬軸を z 軸とし,屈折率分布が z に依存しないとする.光線がコア中心から距離 r_0 だけ離れた位置で,光ファイバ内において z 軸と角度 ζ_0 をなして入射する場合を考える (図5.1 (b) 参照).光線方程式を解いて,子午光線の光ファイバ内での経路は

$$r=\frac{a}{n_1\sqrt{2\varDelta}}\sqrt{n_1{}^2-(n_0\cos\zeta_0)^2}\sin\left(\frac{n_1\sqrt{2\varDelta}}{n_0 a\cos\zeta_0}z+\phi_0\right) \tag{5.6}$$

で表される.ただし,

$$\phi_0\equiv\mathrm{Sin}^{-1}\sqrt{\frac{n_1{}^2-n_0{}^2}{n_1{}^2-(n_0\cos\zeta_0)^2}}$$

は入射点での初期位相，n_0 は入射位置での屈折率である．式(5.6)は，2乗分布形での光線が正弦波状に蛇行しながら，z 軸方向に伝搬していることを表す．

特に，弱導波近似 $(n_0 \approx n_1)$ で入射角 ζ_0 が微小なとき，上記光線経路は

$$r = \frac{a \sin \zeta_0}{\sqrt{2\Delta}} \sin\left(\frac{\sqrt{2\Delta}}{a \cos \zeta_0} z + \phi_0\right) \fallingdotseq \frac{\zeta_0}{g} \sin(gz + \phi_0) \tag{5.7}$$

で近似できる．ただし，g は集束定数である．式(5.7)で，三角関数の内部は光ファイバ構造パラメータのみに依存する．これは，光線は伝搬角によらず，z 方向で周期的に 1 点 $r=0$ で一致することを意味する．この様子を図5.1(c)に示す．蛇行光線の周期は

$$\Lambda = \frac{2\pi a}{\sqrt{2\Delta}} = \frac{2\pi}{g} \tag{5.8}$$

で近似できる．集束定数 g が大きくなるほど周期が短くなる．

（3） 波動光学的扱いでの基本特性

ステップ形と同じように円筒座標系 (r, θ, z) をとる．屈折率分布は半径座標 r のみの関数 $n(r)$ で，r に対してゆるやかに変化していると仮定する．光の伝搬方向を z 軸にとり，この方向の伝搬定数を β とする．軸方向電磁界の変動因子を

$$F(r) \exp(i\nu\theta) \exp\{i(\omega t - \beta z)\}$$

とおく．このとき，$F(r)$ は波動方程式(3.8)を用いて

$$\frac{d^2 F}{dr^2} + \frac{1}{r}\frac{dF}{dr} + \left[\{n(r)k_0\}^2 - \beta^2 - \frac{\nu^2}{r^2}\right]F = 0 \tag{5.9}$$

から求められる．ここで，k_0 は真空中の波数，ν は電磁界の方位角方向の接続条件より整数であり，方位角モード次数と呼ぶ．

2乗分布形屈折率(5.4)が無限遠まで続いているとして，これを微分方程式(5.9)に代入し，電磁界分布の広がりの目安となる固有スポットサイズを $w_0 \equiv 1/\sqrt{n_1 k_0 g}$ で定義して，$\rho = r/w_0$ と変数変換すると，次式を得る．

$$\frac{d^2 F}{d\rho^2} + \frac{1}{\rho}\frac{dF}{d\rho} - \left[\rho^2 - w_0^2\{(n_1 k_0)^2 - \beta^2\} + \frac{\nu^2}{\rho^2}\right]F = 0 \tag{5.10}$$

式(5.10)の解は次のように求められる．

$$F(\rho) = \rho^\nu \exp\left(-\frac{1}{2}\rho^2\right) L_\mu^{(\nu)}(\rho^2) \tag{5.11 a}$$

§5.1 2乗分布形光ファイバの基本特性

$$w_0{}^2\{(n_1k_0)^2-\beta^2\}=2m \tag{5.11 b}$$

$$m\equiv 2\mu+\nu+1 \tag{5.12}$$

ここで，$L_\mu{}^{(\nu)}(x)$ はラゲールの陪多項式であり，$L_\mu{}^{(0)}(x)$ は単に $L_\mu(x)$ とも書かれる。m は**主モード数**（principal mode number）と呼ばれる。

したがって，2乗分布形の軸方向電磁界分布が

$$\exp(i\nu\theta)\left(\frac{r}{w_0}\right)^\nu \exp\left\{-\frac{1}{2}\left(\frac{r}{w_0}\right)^2\right\}L_\mu{}^{(\nu)}\left\{\left(\frac{r}{w_0}\right)^2\right\} \tag{5.13}$$

のように，陪ラゲール多項式とガウス関数の積で表される。このモードをラゲール・ガウスモードといい，LG$_{\nu\mu}$ と表す。式(5.13)で ν は角度方向の節の数を表している。図5.2にラゲール多項式 $L_\mu(x)$ とガウス関数の積のグラフを示す。ν または μ の値が大きいほど，電界の角度方向あるいは半径方向の変化が激しく，式(5.12)から高次モードとなることがわかる。

屈折率分布(5.4)を後に導く式(5.26)に代入すると，2乗分布形に対する固有値方程式が

$$\frac{u^2}{4v}-\frac{1}{2}\sqrt{\nu^2-\frac{1}{4}}=\mu+\frac{1}{2} \tag{5.14}$$

で得られる。ただし，u はコアでの規格化伝搬定数，v は V パラメータであり，それぞれ式(4.2 a)，(4.4)でステップ形に対して定義したものと同じであ

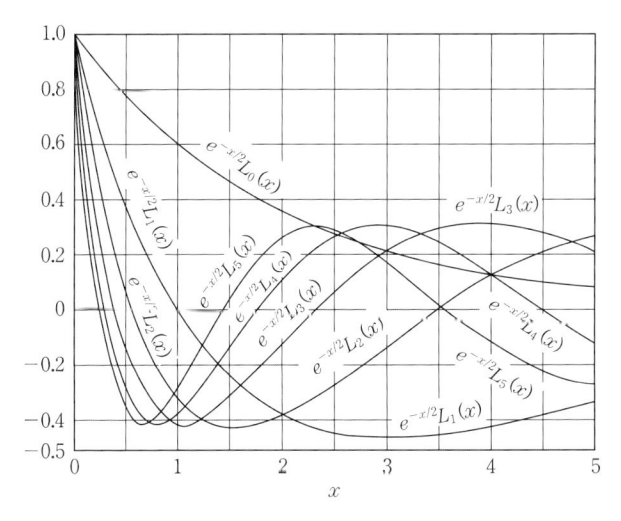

図5.2 ラゲール多項式 $L_\mu(x)$ とガウス関数 $\exp(-x/2)$ の積
(森口，宇田川，一松：『数学公式III』，岩波書店 (1960)，p.96，図4.4)

る。また，μ は半径方向モード次数，ν は方位角モード次数である。

高次モードを想定して $\nu \gg 1$ を用いると，固有値方程式(5.14)は

$$\frac{u^2}{2v} \fallingdotseq 2\mu + \nu + 1 \equiv m \tag{5.15}$$

で近似できる。式(5.15)は，高次モードでは，たとえ次数 μ と ν が異なっていても，主モード数 m が同じ値のモード群は，同じ u-v 特性をもつことを表している。ここでも，V パラメータ v と u, w を関係づける

$$u^2 + w^2 = v^2 \tag{5.16}$$

と式(5.15)を連立させて解くことにより，2乗分布形光ファイバの各種特性が求められる。

伝搬定数 β は，u の定義(4.2 a)と式(5.15)から次のように求められる。

$$\beta = n_1 k_0 \sqrt{1 - \frac{4m\Delta}{v}} \fallingdotseq n_1 k_0 - mg \tag{5.17}$$

ただし，近似式は条件 $\Delta \ll 1$ のもとでの結果である。式(5.17)は，伝搬定数が主モード数 m について等間隔で分布しており，高次モードほどその値が小さくなることを示している。規格化伝搬定数 b は，式(5.17)を利用し，さらに式(5.15)を用いて

$$b \equiv \frac{(\beta/k_0)^2 - n_2^2}{n_1^2 - n_2^2} = 1 - \frac{2m}{v} \quad \left(= \frac{w^2}{v^2} \right) \tag{5.18}$$

と書ける。式(5.18)の1番右の項と式(4.15)との比較から，2乗分布形の規格化伝搬定数がステップ形と形式的に同じ表示となることがわかる。式(5.18)の右から2番目の項は，LG$_{\nu\mu}$ モードで主モード数 m を固定した場合，v-b 特

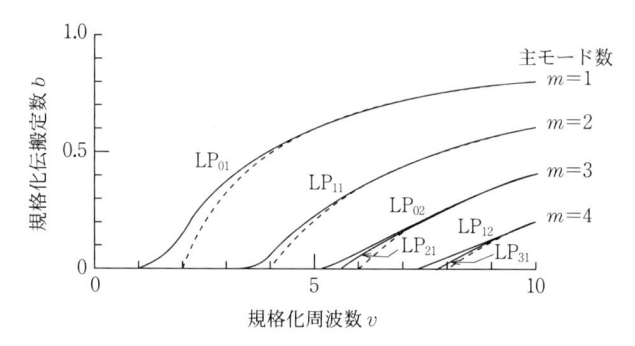

図 5.3　2乗分布形光ファイバの規格化伝搬定数
　　　　破線はラゲール・ガウス(LG)モード，実線は厳密解
　　　　LP$_{\nu\mu}$ モードは LG$_{\nu\mu'}$ モードと等価 ($\mu = \mu' + 1$)

性が双曲線で得られることを示している。

2乗分布形光ファイバのv-b特性を図5.3に示す。式(5.18)はカットオフ近傍を除いては精度の高い結果を与えている。その理由は以下の通りである。この項での結果は，式(5.4)で示した屈折率分布が無限遠まで続くものとして導いている。しかし，実際の光ファイバではコア半径が有限値aであり，当然屈折率が一定なクラッドをもつ。Vパラメータvが十分大きなときには，電磁界（光線）がコア中心近傍に集中しているため，このようにクラッドを考慮しなくても，高精度の結果が得られる。しかし，カットオフに近い場合には，電界のクラッドへの広がりが大きいために，式(5.18)の近似精度が悪くなるのである。

2乗分布形での伝搬モード数は，後述する式(5.27)で$\alpha=2$として

$$N_G \fallingdotseq \frac{v^2}{4} \tag{5.19}$$

で得られる。

【数値例】 2乗分布形で$\lambda=1.3\,\mu\mathrm{m}$, $\Delta=1\%$, $2a=50\,\mu\mathrm{m}$のとき，Vパラメータが$v=24.8$, 伝搬モード数が$N_G=153$となる。

§5.2 WKB法による固有値方程式の導出

この節では光ファイバの屈折率分布$n(r)$が半径座標rのみに依存し，かつ屈折率変化がゆるやかであるときの固有値方程式を導く。また，多モード光ファイバを主眼とするので，電界分布と固有値方程式の両方が求められる，既に量子力学で確立されたWKB（Wentzel-Kramers-Brillouin）法を用いる。

微分方程式(5.9)でrについての1階微分項を消去するため，

$$R(r) = \sqrt{r}\,F(r)$$

と変換すると，式(5.9)は次のように変形できる。

$$\frac{d^2 R}{dr^2} + q^2(r) R = 0 \tag{5.20 a}$$

$$q^2(r) \equiv \left[\{n(r)k_0\}^2 - \frac{1}{r^2}\left(\nu^2 - \frac{1}{4}\right)\right] - \beta^2 \quad [= E - U(r)] \tag{5.20 b}$$

量子力学の手法を利用するため，式(5.20)でポテンシャルを

$$U(r) = -\left[\{n(r)k_0\}^2 - \frac{1}{r^2}\left(\nu^2 - \frac{1}{4}\right)\right] \tag{5.21}$$

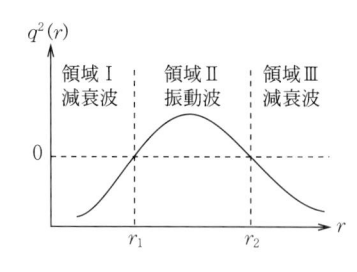

図 5.4 WKB 法における解の分類
（転回点が 2 つある場合）
$q^2 = E - U(r)$
E：エネルギー
$U(r)$：ポテンシャル
r_1, r_2：転回点

エネルギーを
$$E = -\beta^2 \tag{5.22}$$
に対応させれば，式(5.20)はポテンシャル中の波動の振舞いを記述する 1 次元シュレーディンガー方程式に一致する．この場合には WKB 法が適用できる．

式(5.20)における $q(r)$ が波長オーダの距離に対してゆるやかに変化するとき，WKB 解が求められる．$q(r) = 0$ を満たす点は**転回点**(turning point)と呼ばれ，これは光線が反射によって向きを変える場所，換言すれば，図 5.1 (c) で振幅が最大の点に相当する．転回点近傍を除くと WKB 解は非常に精度がよい．以下の議論では，転回点近傍とそれ以外を分離して考える．

$q(r) = 0$ 以外での解は，$q^2(r)$ の正負によって異なる形をとる．$q^2(r) > 0$ のとき，すなわち，図 5.4 の $r_1 < r < r_2$ （r_j：転回点の半径座標）での解は

$$R(r) = \{q^2(r)\}^{-1/4} \begin{Bmatrix} \cos\delta \\ \sin\delta \end{Bmatrix}, \quad \delta \equiv \int_{r_1}^{r} \sqrt{q^2(r)}\, dr + \tau \tag{5.23}$$

となり，r に対する振動波が得られる．$q^2(r) < 0$，すなわち $r < r_1$，$r > r_2$ での解は

$$R(r) = \{-q^2(r)\}^{-1/4} \exp\left\{-\int_{r}^{r_1} \sqrt{-q^2(r)}\, dr\right\} \quad : r < r_1 \tag{5.24}$$

$$R(r) = \{-q^2(r)\}^{-1/4} \exp\left\{-\int_{r_2}^{r} \sqrt{-q^2(r)}\, dr\right\} \quad : r > r_2 \tag{5.25}$$

となり，指数関数的減衰波が得られる．

一方，$q(r) = 0$ の転回点では，ベッセル関数を利用して，転回点を越えて式(5.23)～(5.25)の波動関数を接続すると，次式が得られる．

$$\int_{r_1}^{r_2} q(r)\, dr = \int_{r_1}^{r_2} \sqrt{\{n(r)k_0\}^2 - \beta^2 - \frac{\nu^2 - (1/4)}{r^2}}\, dr$$
$$= \left(\mu + \frac{1}{2}\right)\pi \tag{5.26}$$

ここで，$r_j (j=1, 2)$ は転回点半径，ν は方位角モード次数，μ は半径方向モード次数（整数）である．式(5.26)は，ベキ乗分布形だけでなく，屈折率分布

$n(r)$ が波長オーダの距離でゆるやかに変化するグレーデッド形光ファイバすべてに適用できる固有値方程式であり，次数 ν, μ を指定したとき上式を満たす伝搬定数 β が解となる．

§5.3 ベキ乗分布形におけるモードの分類

屈折率分布が式(5.1)のようにベキ乗形で与えられるとき，式(5.26)における被積分関数に着目して，モードの区別を説明する（図5.5参照）．

① 伝搬モード： 伝搬定数 β が $n_2 k_0 < \beta < n_1 k_0$ を満たすとき，コア部では式(5.20)で定義した値が $q^2(r) > 0$（振動波），クラッド部で $q^2(r) < 0$（減衰波）となる．電磁界エネルギーが転回点 r_1 と r_2 の間に集中する（同図(c)参照）．伝搬モードには，光軸（z 軸）を含む面内を伝搬

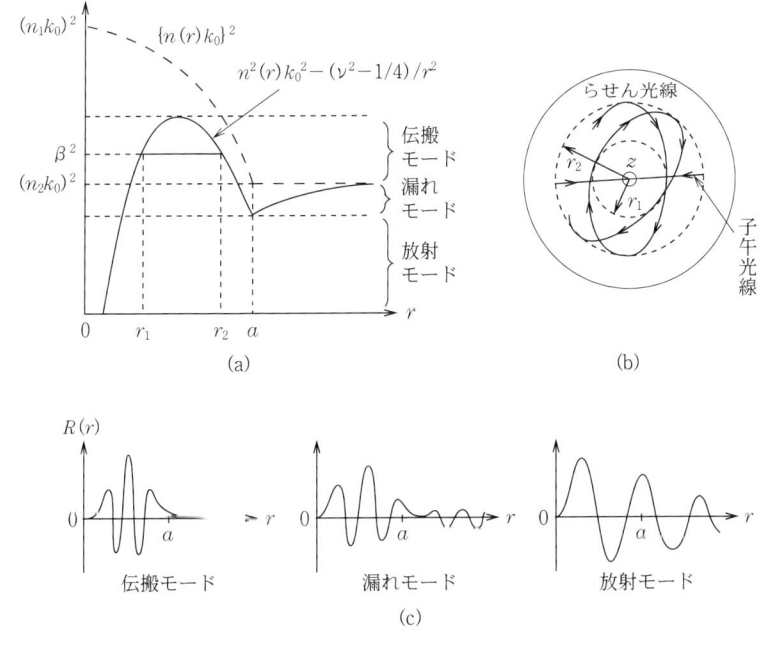

図5.5 グレーデッド形光ファイバにおけるモードの分類
(左貝，杉村：『光エレクトロニクス』，朝倉書店 (1993)，p.81，図4.4.2)
(a) 伝搬定数とモードの関係　(b) 光線の伝搬（軸方向から見た図）
(c) 電磁界分布の概略
a：コア半径，r_1, r_2：転回点

する子午光線と，光軸の周りを周回しながら伝搬するらせん光線がある（同図 (b) 参照）。

② 放射モード： 伝搬定数 β が $\beta^2 < (n_2 k_0)^2 - \{\nu^2 - (1/4)\}/a^2$ を満たすとき，r の全領域で $q^2(r) > 0$（振動波）となる。このときは，クラッド部分でも電磁界が振動し，光エネルギーが光ファイバから失われていく。

③ 漏れモード： 伝搬定数 β が上記 2 つの場合の間に分布するときである。クラッド領域でコアに近い部分では電界が r の増加とともに減衰するものの，トンネル効果でクラッドへ漏れたエネルギーの小さな振動波が存在する。漏れモードは損失が少ないので長距離伝搬し得る。

伝搬モード数を次に求める。式(5.26)で ν を固定したとき，式(5.26)を満たす β に対応して伝搬モードが 1 つ存在するから，次数 μ が ν を固定した時のモード数に相当する。モード数が十分多いときは ν を連続変数と見なせる。こうして，$\beta \leq$ 伝搬定数値 $\leq n_1 k_0$ を満たすモード総数 $\ell(\beta)$ が求められる。ベキ乗形の全伝搬モード数は，$\ell(\beta)$ に伝搬モードの下限値 $\beta = n_2 k_0$ を代入して

$$N_G = \frac{a}{a+2}(n_1 k_0 a)^2 \Delta = \frac{a}{2(a+2)} v^2 \tag{5.27}$$

で得られる。ただし，モードの方位と偏光についての縮退数 4 を考慮している。ステップ形（$a = \infty$）のとき式(5.27)は確かに式(4.9)に一致する。

伝搬定数は

$$\beta = n_1 k_0 \sqrt{1 - 2\Delta \left\{ \frac{\ell(\beta)}{N_G} \right\}^{a/(a+2)}} \tag{5.28}$$

で得られる。

【演習問題】

5.1 子午光線とらせん光線に対して速度等化する屈折率分布(5.3 a, b)が弱導波近似のもとでは，ともに 2 乗分布形(5.4)に帰着することを示せ。

5.2 グレーデッド形光ファイバでの伝搬光線が蛇行して進行する理由を定性的に説明せよ。

5.3 有限コア幅をもつ 2 乗分布形光ファイバの伝搬特性は，V パラメータが十分大きいとき，2 乗分布形が無限遠まで続いているとして導いた結果でも実用上十分適用できる理由を説明せよ。

5.4 主モード数が有する伝搬特性上の意義を説明せよ。

第6章

光ファイバの損失特性と製造方法

　光源からでた光は，光ファイバ伝搬中に各種損失要因により，光パワが減衰する．光検出器の受光レベルには限界があるので，光検出器に入る光パワがある一定値以上でなくてはならない．損失が増加すると中継間隔が短くなるので，光ファイバの損失特性は光通信システムの中継間隔を決定する上で重要な因子となる．光ファイバ損失による中継間隔の制限を**損失限界**（loss limit）という．なお，中継間隔は次章で述べる分散特性によっても制限を受ける．

　光ファイバ損失はその製造方法とも密接な関係があるので，本章ではまず光ファイバの製造法を紹介する．その後，各種損失特性の概要を述べた後，応用上重要な接続損失や曲げ損失が生じる原因を説明する．

§6.1　光ファイバの製造方法

　光通信用光ファイバとして，長距離用には主に石英系が用いられ，LANなどの短距離用にはプラスチックが用いられることがある．ここでは石英系についてのみ触れる．

　石英系光ファイバの主成分は珪素（SiO_2）である．珪素はクラーク数（Clarke number：地球表層部に存在する元素の推定重量%）が酸素に次いで2位であり，原材料には事欠かない．屈折率分布形成に際して，SiO_2より屈折率を上げるときはGeO_2やP_2O_5を添加し，下げるときはB_2O_3を添加する．

　光ファイバ開発初期の損失要因は，銅，ニッケル，鉄などの遷移金属，あるいは水が不純物として混入していることに起因するOH基による吸収損失だった．これらの不純物を除去するため，原料や製法に改良が加えられ，以下に紹介する製造方法が開発された．

　光ファイバの製造過程は，光ファイバ母材の作製とこれをファイバ化する線

引き工程からなる。光ファイバ母材は主として，内付けCVD法（MCVD：modified chemical vapor deposition method），外付け法（outside vapor-phase oxidation），気相軸付け法（VAD：vapor-phase axial deposition）で製造されている。MCVD法は米国ベル研究所で，外付け法は米国コーニング社で，軸付け法は日本の電電公社（現NTT）で開発された。

（1） 内付けCVD法（MCVD法）

MCVD法は，元来SiやGeなどの半導体を気相合成するのに用いられていた化学的気相成長法を，光ファイバ合成用に転用したものである（図6.1参照）。

この製法は，ガラス材料となる$SiCl_4$，$GeCl_4$，BBr_3などのハロゲン化物を，酸素とともに気相の状態で中空石英管（出発石英管）の内部に送り，加熱して石英管の内壁にガラス層を堆積させるものである。酸水素バーナーで1300〜1650℃に加熱し，全体に均一に堆積させるため，バーナーを軸方向に往復移動させ，かつ出発石英管の両端を保持して回転させる。

ガラスが作製される際の酸化反応は

$$SiCl_4 + O_2 \rightarrow SiO_2 + 2\,Cl_2 \uparrow$$
$$GeCl_4 + O_2 \rightarrow GeO_2 + 2\,Cl_2 \uparrow$$
$$4\,BBr_3 + 3\,O_2 \rightarrow 2\,B_2O_3 + 6\,Br_2 \uparrow$$

などである。1回ずつ堆積させる層において，SiO_2へのGeO_2，P_2O_5，B_2O_3などの添加量を調整して屈折率分布を形成する。

所定の堆積量になったら，石英ガラス管を1700〜1900℃に加熱して軟化させ，内部の中空部分をつぶして中実化する。この際，高温のためにコア中心に相当する部分の添加剤が蒸発して，屈折率が低下する恐れがあるので，注意を要する。このようにして作製されるロッドは光ファイバよりはるかに太く，直

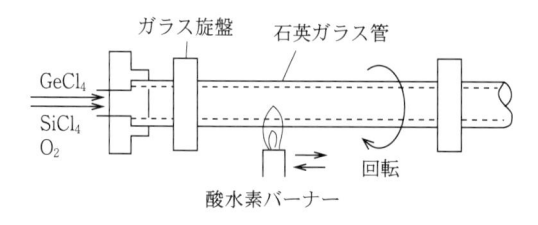

図6.1 内付けCVD法による光ファイバ母材作製

径数 cm 程度で，**母材**（preform, mother rod）といわれる。これを高温に熱して線引きし，直径 百数十 μm の光ファイバを作製する。

（2） 外付け法

外付け法は外付け CVD 法とも呼ばれる。これは 1970 年に発表された，損失 20 dB/km の光ファイバ作製法としても，歴史的意義のある製造方法である。**外付け法**は，MCVD 法と異なり，石英製ガラス心棒の外壁にガラスを堆積させる方法である（図 6.2 参照）。酸水素バーナーの軸方向往復運動や，ガラス心棒の回転運動は MCVD 法と同様である。

外付け法では，MCVD 法と同じハロゲン化物をガラスの出発材料とするが，これらの材料ガスを酸水素炎中で火炎加水分解反応を起こさせる。

$SiCl_4 + 2 H_2O \rightarrow SiO_2 + 4 HCl \uparrow$

$GeCl_4 + 2 H_2O \rightarrow GeO_2 + 4 HCl \uparrow$

$2 BBr_3 + 3 H_2O \rightarrow B_2O_3 + 6 HBr$

反応の結果できるのは，白墨状の多孔質母材である。母材が所要の太さに成長してから心棒を抜き取る。これを電気炉中で約 1600℃ に加熱溶融すると，気泡が抜けて透明な中空母材が得られる。この母材の内外を研磨した後，これを中実化して光ファイバ母材を得る。

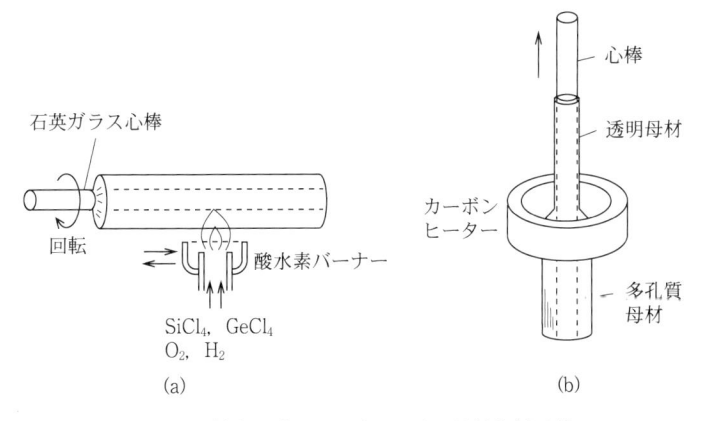

図 6.2 外付け法による光ファイバ母材作製工程
(a) 多孔質母材作製　(b) 透明ガラス化

（3） 気相軸付け法

　気相軸付け法（VAD法）は出発石英棒の軸方向にガラスを堆積させ，光ファイバ母材を軸方向に成長させるものである（図6.3参照）。上記2方法と異なり，酸水素バーナーは固定され，合成される母材が回転しつつ上昇する。したがって，長手方向に連続製造できるため，ひとつの母材で長尺の光ファイバが作製できるのが特徴である。

　外付け法と同じく，バーナーを用いて火炎加水分解反応を利用する。屈折率分布を形成するために，複数のバーナーを設置する場合がある。このときに作製されるのは白墨状の多孔質母材である。これをさらに加熱溶融して透明な光ファイバ母材が得られる。

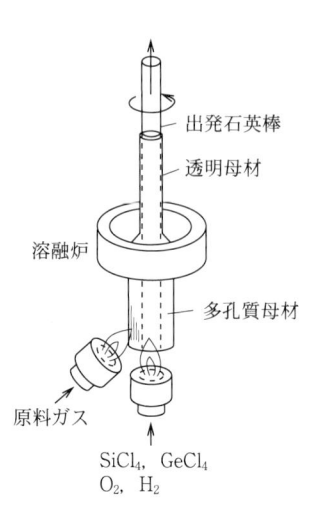

図6.3 気相軸付け法による光ファイバ母材の作製

⟨dB 表示⟩

　対数を用いると，掛け算や割り算が加算や減算に置き換えられ，計算が楽になることを知っている。伝送システムにおいても，パワレベルの変化に着目することが多く，対数に関係した dB 表示が有用である。

　dB の相対表示は，強度透過率を T_i としたとき，損失値は
$$-10\,\mathrm{Log}(T_i)\ [\mathrm{dB}]\quad :強度表示$$
で表される。したがって，0.2 dB というのは強度透過率 $T_i = 95.5\%$ に相当する。振幅透過率 T_a が与えられているときは，
$$-20\,\mathrm{Log}(T_a)\ [\mathrm{dB}]\quad :振幅表示$$
を用いる。

　一方，パワレベルに関する dB の絶対表示は **1 mW を 0 dBm** と定め，これに対する相対値を用いる。たとえば，1 μW は，
$$10\,\mathrm{Log}(1\,\mu\mathrm{W}/1\,\mathrm{mW}) = -30\ \mathrm{dBm}$$
である。

　ちなみに，3 dB 帯域というのは，強度が2分の1に落ちる帯域のことで，厳密には $-10\,\mathrm{Log}(1/2) = 10 \times 0.30103 = 3.01\ \mathrm{dB}$ からきている。

§6.2 光損失の概略説明

　光ファイバ損失で重要なことは，損失波長特性，損失値，損失要因である。損失波長特性は光ファイバ通信システムの使用波長を決定する。損失値は損失制限によるシステムの中継間隔を決める。損失要因を解明することにより，システム性能の向上を図ることができる。光ファイバの伝送損失要因を表 6.1 に示す。これらの損失は製造技術要因と布設条件などの外的要因に大別できる。

　製造技術要因に関連した，石英系光ファイバの低損失化への歩みで重要なのは 1970 年の出来事である。当時の技術水準では損失値が数千 dB/km という状況の中で，20 dB/km という破格に低い損失をもつ光ファイバが米国コーニング社から発表された。これにより，光ファイバを伝送路とする光通信が現実味を帯びるようになった。それ以来，約 10 年の短さで光ファイバ損失は理論限界に迫った。当初，可視域だけに注目されていたが，近赤外領域である波長 $1.55\,\mu\text{m}$ で $0.2\,\text{dB/km}$ という低損失値が得られた。この低損失値は現在もほとんど変わっていない。

　低損失光ファイバの損失波長特性の概形は，図 6.4 に示すように，短波長側

表 6.1 光ファイバ損失の要因別分類

分類		損失の種類		要因
製造技術要因	素線	吸収損失	紫外吸収 赤外吸収 不純物吸収	電子遷移 分子振動 OH 基，遷移金属
		散乱損失	レイリー散乱損失	屈折率の密度や熱的揺らぎ，ガラス中の微結晶
		構造不完全性損失	界面散乱損失 モード変換損失	コア・クラッド境界の揺らぎ 屈折率分布形状の伝送軸方向に対する不均一
	ケーブル化	マイクロベンディング損失		光軸の不規則な微小曲がり
外的要因	布設時	光部品間の結合に伴う損失	結合損失	光源と光ファイバ間，光ファイバと導波路間での結合
			接続損失	光ファイバ間の接続不整，接続断面の不整
		一様曲げ損失		一様な曲率での曲がり
	使用条件	誘導散乱損失		入射光のパワ密度による非線形光学現象

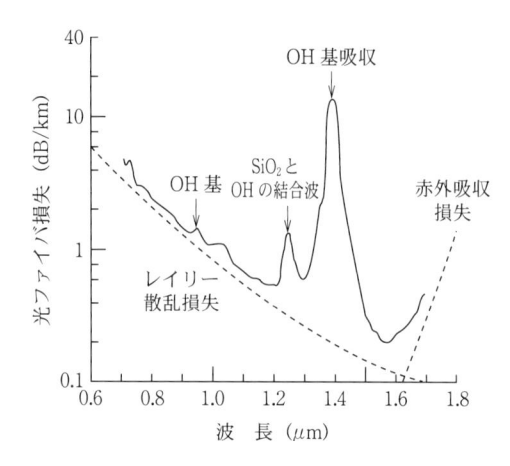

図 6.4 低損失石英系光ファイバの損失波長特性例と損失要因

はレイリー（Rayleigh）散乱と紫外の電子遷移に基づく基礎吸収で決まる。また，長波長側は赤外の SiO_2 の分子振動による吸収で決まっている。これらでできる損失の谷間がほぼ波長 1.55 μm に相当している。その概形の上に OH 基による吸収損失がのった形となっている。

レイリー散乱は媒質内の粒子の揺らぎによる散乱である。その強度は

$$I_{scatt} = 36 \times 10^3 \left[\frac{(n-1)^2}{\lambda^4} \right] k_B T_g \beta_e \quad [\text{dB/m}] \tag{6.1}$$

で与えられるように，波長 λ の 4 乗に逆比例することが特徴である。ここで，n は媒質の屈折率，k_B はボルツマン定数，T_g はガラスの固化温度，β_e は等温圧縮率である。紫外の基礎吸収帯は 0.122 μm にあり，その吸収は波長が長くなるほど指数関数的に減少し，その裾が可視域や近赤外域にわずかに及んでいる。

赤外の SiO_2 の分子振動による吸収帯は 9.1 μm，12.5 μm，21 μm に現れる。9.1 μm での吸収強度は 10^{10} dB/km 程度であり，これより短波長側では，これらの高調波や OH 基との結合波が損失として現れる。

中継間隔を延ばすには，光源の送信出力増大が望まれる。しかし，光ファイバに入射する光強度が大き過ぎると，誘導ブリルアン散乱が生じ，非線形領域に入ってしまう。したがって，光ファイバに入射させる光強度には上限がある。

光通信は最初，波長 0.85 μm 帯で実用化された。光ファイバ製造技術の進

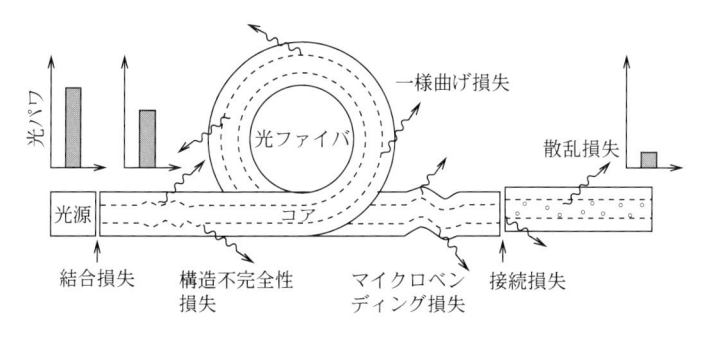

図 6.5 光損失の発生要因模式図

歩に伴う損失波長特性の推移により，その後，次章で述べる分散特性に関連して $1.3\,\mu m$ 帯が使用され，現在の長距離用では $1.55\,\mu m$ 帯が使用されるに至っている．

　光ファイバでの損失発生要因の模式図を図6.5に示す．半導体レーザのビーム形状が楕円形をしているのに対し，光ファイバの固有モード形状は円形なので，結合時に結合損失を生じる．光ファイバ中では，吸収・散乱損失や構造不完全性損失を生じる．光ファイバ接続時にも損失を受ける．光ファイバが曲がっていると，一様曲げ損失やマイクロベンディング損失を生じる．光源から出射された光パワは，これらの損失により減衰し，中継間隔の制限要因となる．

　これらの損失は製造技術要因だけでなく，布設条件などの外的要因にも依存する．したがって，低損失な光ファイバ素線を製造したとしても，光ファイバ布設時に損失増加が起きないように留意する必要がある．

　特に重要となる損失要因は，次に述べる接続・曲げ損失である．

§6.3　結合および接続損失

　光源と光ファイバ間での結合損失や光ファイバ間の接続損失は，結合面における固有電磁界の違いによって生じている．結合面における入射側電界分布を E_i，受光側電界分布を E_r とすると，結合効率 η は電界の重なり積分で求められる．

$$\eta = \frac{\left|\int \boldsymbol{E}_i \cdot \boldsymbol{E}_r{}^* dS\right|^2}{\int |\boldsymbol{E}_i|^2 dS \int |\boldsymbol{E}_r|^2 dS} \tag{6.2}$$

ただし，積分は被結合断面全域にわたって行う．Schwarzの不等式により$\eta \leqq 1$であり，E_iとE_rの形状が整合しないときに結合損失を生じる．

　結合損失の要因として明確なのは，①被結合物体の構造パラメータの不一致である．たとえば，半導体レーザのビーム形状が楕円形をしているのに対し，光ファイバのモード形状は円形であり，明らかに損失を生じる．被接続光ファイバの構造，たとえばコア半径や比屈折率差が異なる場合，ビームスポットサイズが異なるために損失を引き起こす．結合損失を低減するために，被接続面での両波面を一致させるように，結合レンズを用いたり，被接続面の間でスポットサイズがうまく変換されるように導波路構造が工夫されている．

　他の結合損失要因として，被接続光ファイバの構造が完全に一致していたとしても生じるものがある．それらは②軸ずれ（offset），③角度ずれ（tilt），④間隙（separation）に大別される．図6.6(a)に示すように，被接続光ファイバの光軸が平行にdだけずれておれば，被接続面で電界のピーク位置がずれて損失を生じる．軸ずれ損失値α_0は，ステップ形単一モード光ファイバ（コア半径：a）の場合

$$\alpha_0 = 4.34\left(\frac{d}{a}\right)^2 \frac{1}{2}\left[\frac{wJ_0(u)}{J_1(u)}\right]^2 \quad [\text{dB}] \tag{6.3}$$

で得られる．ここで，$J_\nu(u)$はν次ベッセル関数，uとwは式(4.2)で定義したコアおよびクラッドにおける規格化横方向伝搬定数である．同図(b)に軸

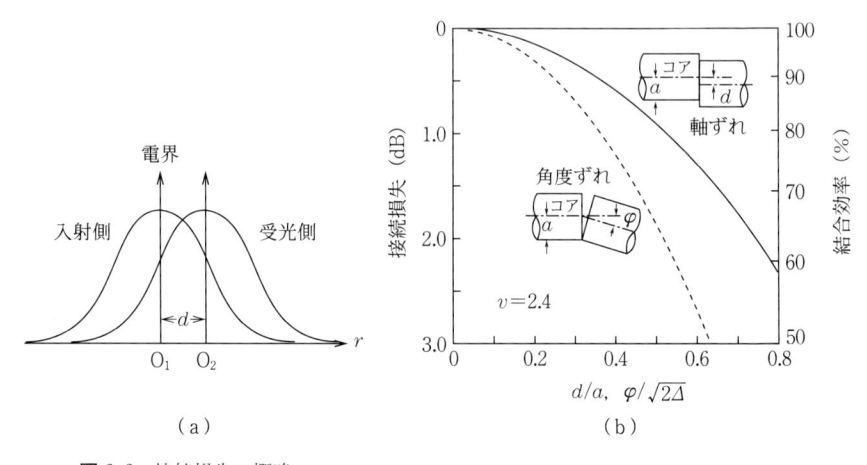

図6.6　接続損失の概略
　　(a) 軸ずれ時の電界　(b) ステップ形単一モード光ファイバの接続損失値

ずれと損失の関係を示す。ずれ量が微小なとき，損失（dB 単位）がずれ量の 2 乗に比例している。

2 つの光軸の角度が φ だけずれておれば，被接続面で光軸の中心からの距離に比例した位相差を生じるため，波面の不整合により損失を生じる。角度ずれ損失例を同図(b)に示す。光軸方向のみに結合面の間隙があると，回折により電界が広がると同時に波面の曲率が変化するために損失を生じる。一般には，損失はこれらの複合効果として現れる。間隙の効果は軸ずれや角度ずれの効果に比べて小さい。したがって，低損失で結合を行うには，被接続断面内でのずれを極力抑える必要がある。たとえば，ステップ形単一モード光ファイバで軸ずれ損失を 0.1 dB とするには，軸ずれ量を約 1 μm 以内に抑えなければならず，高度な接続技術が必要となる。

§6.4 曲げ損失

この節では，一様な曲げ半径で生じる一様曲げ損失と，微小な曲げ半径が不規則に変化することにより生じるマイクロベンディング損失を説明する。

（1） 一様曲げ損失

光ファイバや光導波路が一定の曲げ半径 R で曲がっている場合，光は真っ直ぐに進行しようとする性質があるため，R があまり小さくなると，光はコア中を導波されずに，クラッドを介して外部へ漏れて損失を受ける。このような損失を**一様曲げ損失**（uniform bending loss）という。

曲げ損失の起源は，図 6.7 に示すように，次の 2 つで解釈することができる。

① 波面（等位相面）は曲げ中心 O を起点として等位相で伝搬する。したがって，曲げ中心から遠く離れた波面の位相速度は，ある場所以上では光速を超すことになり，もはや同一波面としては伝搬できない。この光速を超えた成分が曲げ損失となる。

② 図中の屈折率分布は，**等価直線導波路**（equivalent straight waveguide）**近似**による屈折率分布 n_{eq} である。等価直線導波路とは，曲がりの効果を，曲げ半径 R に依存した屈折率変化をもつ等価的な直線導

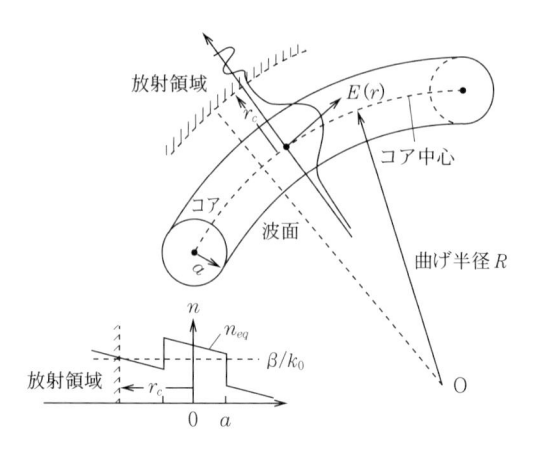

図 6.7 一様曲げ損失の発生メカニズム

波路に置換したものである。この方法によると，曲げの存在により，曲げ中心に対してコア中心より外側の屈折率が等価的に上昇するために，電界は全体としては外側にシフトする。

曲げ中心に対して，コア中心の外側にある $r=r_c$ では，等価屈折率 n_{eq} が β/k_0（β：伝搬定数，k_0：真空中波数）に一致している。$r=r_c$ を満たす位置を転移点（caustic）という。$r>r_c$ では光電界は外側にいくほど振幅が大きくなる振動電界となり，この部分に相当する電磁界が導波路から放射され，曲げ損失となる。

曲げ損失 α_B は，放射光パワを P_r，伝搬光パワを P_g として

$$\alpha_B \equiv \frac{P_r}{P_g} \tag{6.4}$$

で定義される。曲げ半径 R で一様に曲がっている場合，転移点での光強度の形が曲げ損失の変化に大きな影響を及ぼす。よって，光ファイバの一様曲げ損失 α_B の主要部は次のように表される。

$$\alpha_B \propto \exp\left(-\frac{4w^3}{3v^2}\frac{R\Delta}{a}\right) \tag{6.5}$$

ただし，v は V パラメータ，w はクラッドの規格化伝搬定数，a はコア半径，Δ は比屈折率差である。一様曲げ損失は，曲げ半径 R や比屈折率差 Δ に対して指数関数的に大きく変化するのが特徴である。したがって，曲げ半径 R や比屈折率差 Δ をわずかに小さくしても，曲げ損失値が急増することがわかる。

一定の曲げ損失値 $\alpha_B = 0.1\,\mathrm{dB/km}$ に対応する曲げ半径を許容曲げ半径 R^* と呼び，R^* で曲げ損失特性を評価する．ステップ形単一モード光ファイバ，およびステップ形・2乗分布形多モード光ファイバに対する許容曲げ半径 R^* はほぼ数 cm のオーダとなる．また，$\Delta = 0.2\%$ の単一モード光ファイバとほぼ等しい曲げ損失を与えるのは，2乗分布形多モード光ファイバでは $\Delta = 1\%$ 近傍となっている．実際，単一モード光ファイバの比屈折率差が $0.2 \sim 0.3\%$，多モード光ファイバの比屈折率差が 1% 程度に設定されている．

（2） マイクロベンディング損失

一般に，光ファイバをケーブル化すると，素線時よりも光損失が増すことが知られている．これは，プラスチックジャケットの肉厚の不均一性や，ケーブル化時の圧力分布等の不均一性により，図 6.5 に示したように，光ファイバの光軸が不規則な微小曲がりを生ずるためであると考えられている．このようにして生じる損失を**マイクロベンディング損失** (microbending loss) と呼ぶ．

微小曲がりの起源である光ファイバ軸の不規則性を，曲げ半径の伝送軸方向に対する変化量 $R(z)$ で記述する．この不規則性を統計量として扱うため，適当なパワスペクトル分布 Φ を仮定し，その分布 Φ を空間周波数 ϕ の関数として記述しておく．

いま，特定の空間周波数 ϕ だけに着目する．外乱が光ファイバの伝搬方向 z に対して一定の空間周波数 ϕ で変動しているとする．伝搬定数がそれぞれ β_m, β_n で与えられる2つのモードが，長さ L の光ファイバ中を同一方向に進行するとき，両モード間の結合の強さは，

$$\Phi \approx \lim_{L \to \infty} \frac{L}{4} \left\{ \frac{\sin[(\phi - \beta_m + \beta_n)L/2]}{(\phi - \beta_m + \beta_n)L/2} \right\}^2 \tag{6.6}$$

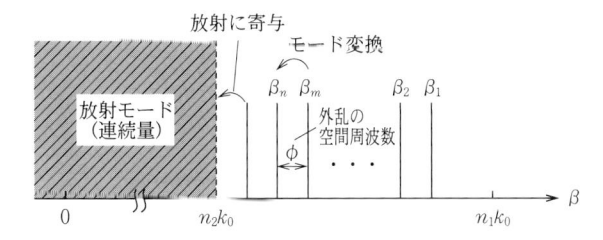

図 6.8 モード変換と放射損失の関係
　　　　n_1：コア屈折率，n_2：クラッド屈折率，k_0：真空中波数

で近似できる。これは，2つのモード間の伝搬定数差が外乱の空間周波数 ϕ にほぼ一致したときにのみ，伝搬モード間で結合が生じることを示している。モード結合により別のモードに変わることを**モード変換**（mode conversion）という。図6.8に示すように，低次の伝搬モードが順次高次の伝搬モードにモード変換される。これらのうち，最高次の伝搬モードが放射モードと結合し，放射モードを介して損失を受ける。

一般に，外乱は色々なフーリエスペクトルをもつから，上記考えを一般の空間周波数に拡張して積算することにより放射損失，つまりマイクロベンディング損失を見積ることができる。

【演習問題】

6.1 ここで説明した3つの光ファイバ製造法の概要とそれぞれの特徴を述べよ。

6.2 光ファイバ損失の外的要因の概要を説明せよ。

6.3 光ファイバの損失波長特性は大略どのような要因で決まっているか説明せよ。

6.4 半径 a の均一な光パワ分布があるとき，この分布どうしの結合について次の問いに答えよ。

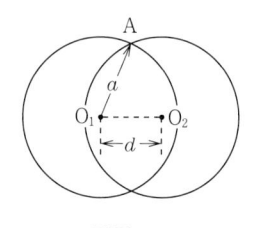

① 中心が d だけ平行に軸ずれしているとき，重なり部分の面積分だけ光が通過すると仮定して，結合効率 η が次式で与えられることを示せ。

$$\eta = 1 - \frac{2}{\pi}\left\{\sin^{-1}\left(\frac{d}{2a}\right) + \frac{d}{2a}\sqrt{1-\left(\frac{d}{2a}\right)^2}\right\}$$

② ずれ量 d が微小なとき，結合効率を
$$1 - x \approx \exp(-x)$$
で近似することにより，軸ずれ損失をdB表示で示せ。ただし，$x \ll 1$ とする。

問題 6.4

6.5 曲げ損失における転移点の物理的意味を説明せよ。

6.6 光源の光出力が $2\,\mathrm{mW}$，光源と光ファイバの結合損が $3\,\mathrm{dB}$，光ファイバの伝送損失が接続部分を含めて平均 $0.5\,\mathrm{dB/km}$，光検出器の受光レベルが $0.5\,\mu\mathrm{W}$ であるとき，損失制限による中継器間隔を計算せよ。ただし，温度変動などによるシステム余裕を $7\,\mathrm{dB}$ とする。

第 7 章………………

光ファイバの分散特性

　光ファイバ中での光は，モードや波長によって伝搬速度が異なる．光ファイバ通信で利用される光短パルスは，これらの要素で形成されており，パルス幅が伝搬距離に応じて広がる（これを分散という）ので，分散により符号伝送速度あるいは中継間隔が制限される．この観点から，光ファイバ分散特性が重要となる．

　本章では，分散の概要を説明した後，多モード光ファイバで重要となるモード分散，単一モード光ファイバで重要となる材料・導波路分散の概要を述べる．後半では，光ファイバ通信の進展につれて生まれてきた，各種分散制御光ファイバについて説明する．

§7.1 分散と伝送帯域の概要

　光パルスは伝搬距離とともにパルス幅が広がる．光パルス幅が広がり過ぎると，隣接パルス間で重なりを生じ，ディジタル信号の"0"と"1"が判別できず，符号誤りを発生する（図7.1参照）．そのため，単位時間に送れるパルス数，すなわち符号伝送速度が分散で制限される．符号伝送速度を固定して考え

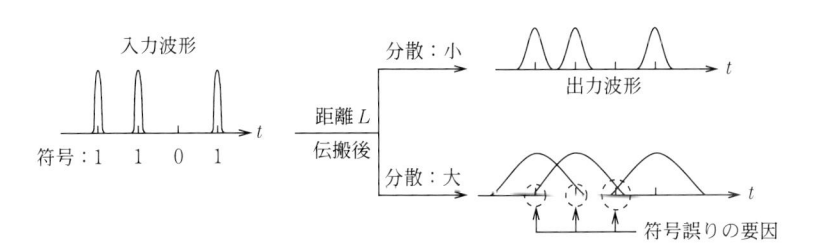

図7.1　分散による光パルス広がりの様子

た場合，中継間隔が分散で制限を受けることになる。このような分散による中継間隔の制限を**分散限界**（dispersion limit）という。中継器は伝送路に比べて高価なので，中継間隔を長くして中継器数を減少させる方が，システム全体としては経済的となる。

光ファイバ中を伝搬する光波が周波数広がりをもっている場合，光波は時空間的に変動するが，全体としては包絡線の形で伝搬する。この包絡線が伝搬する固有の速度を**群速度**（group velocity）という。群速度の違いにより波動が広がる性質を**分散**（dispersion）という。よって，光ファイバ出力端では光波形は群速度差により広がる。分散に関係した光ファイバの特性パラメータは伝搬定数 β であり，伝搬定数が光の角周波数 ω に依存する。このときの群速度 v_g は

$$v_g \equiv \frac{1}{d\beta/d\omega} \tag{7.1}$$

で表される［問題 7.1 参照］。

図 7.1 に示したように，群速度 v_g が異なれば，ある一定距離伝搬後にパルス幅が広がる。群速度による，信号の単位長さ当たりの伝搬遅延時間を**群遅延**（group delay）と称する。これは群速度の逆数で表され，

$$\tau_g \equiv \frac{1}{v_g} = \frac{1}{c}\frac{d\beta}{dk_0} \tag{7.2}$$

となる。ただし，c は真空中の光速，k_0 は真空中の波数である。

光ファイバの伝送特性を評価するには，時間領域と周波数領域の2つの方法がある。ひとつは，時間領域でデルタ関数波形を光ファイバに入射させたときのパルス広がりを調べるもので，インパルス応答と呼ばれる。これには，いま述べた，単位距離当たりの時間幅広がりを表す群遅延が関係する。2つ目の方法は，正弦波で変調した光を入射させたときの周波数応答を調べる方法であり，これをベースバンド周波数特性と呼ぶ。両者はフーリエ変換で関係づけられる。パルス波形広がり τ_g，ベースバンドの伝送帯域 B の間には次式が成立する。

$$B = \frac{C_m}{|\tau_g|} \tag{7.3}$$

ここで，C_m は変調方式に依存した定数である。

【**数値例**】 光強度変調（$C_m = 0.5$）で $\tau_g = 1\,\text{ns/km}$ とすると $B = 500\,\text{MHz}\cdot$

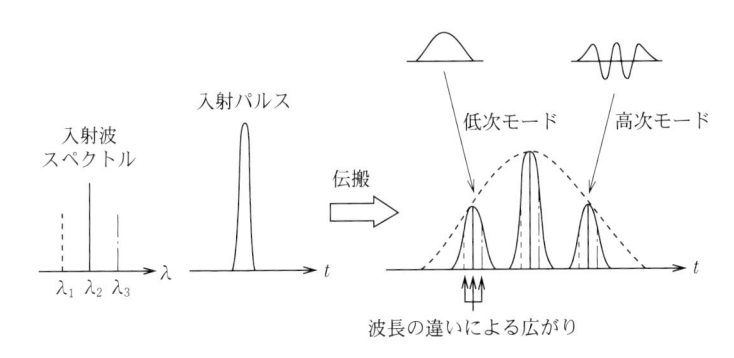

図 7.2 分散要因による光パルス広がりの違い

表 7.1 分散の概要

名　称		要　因	典型的分散値
モード分散		複数モードが伝搬するとき，各モードの群速度が異なることにより生ずる	数十 ns/km（ステップ形）数百 ps/km（グレーデッド形）
波長(色)分散	材料分散	無限に広がった媒質内でも現れる，材料屈折率の波長依存性で生じる	図 7.5 参照
	導波路分散	導波路構造をとったことにより新たに生じる	図 7.5 参照

km となる。

　分散の概略を図 7.2 に示す。光波が光ファイバに入射すると，モード毎に分離され，各モードの群速度の違いで伝搬時間が異なるため，時間波形が広がることをモード分散という。同一モード内でも，光源に波長広がりがあれば，波長によっても群速度が異なるために，波形が広がる。これを波長分散または色分散といい，材料分散と導波路分散に分けられる。光ファイバ中の分散を要因別に分類した結果を表 7.1 に示す。次にこれらを個々に説明する。

§7.2　モード分散

　多モード光ファイバでは同時に多数のモードが伝搬し，各モードの伝搬定数が異なる。複数モードの群速度の違いで生じる，波動の広がりを**モード分散**

(mode dispersion）という。多くのモードが同時に伝搬する場合には，波動的概念であるモードと幾何光学的概念である光線の対応づけが可能となる。つまり，モードは離散的でかつ異なる伝搬角をもつ光線に対応する。そのためここでは，理解しやすい光線近似を用いて，まずステップ形のモード分散から求める。

（1） ステップ形多モード光ファイバのモード分散

ステップ形ではコア内の至る所で屈折率 n_1 が一定値なので，各光線のコア部分の伝搬長の違いから群遅延が計算できる（図 7.3(a)）。最短伝搬長の光線は，コア中心を光軸に沿って直進する光線である。一方，最大伝搬長の光線は，伝搬角がコア・クラッド境界で臨界角 $\theta_c(=\cos^{-1}(n_2/n_1))$ をなして，全反射を繰り返しながら進行する光線である。両光線の伝搬長の差をとると，ステップ形の**群遅延差**（単位距離当たりの時間差）が次式で得られる。

$$\tau_g = \left(\frac{1}{\cos\theta_c} - 1\right) L \frac{1}{c/n_1} \frac{1}{L} = \frac{n_1}{c}\Delta \tag{7.4}$$

ただし，L を光ファイバの長さとした。

ステップ形多モード光ファイバでは，群遅延差 τ_g は比屈折率差 Δ に比例している。よって，伝送帯域を広くするという観点からは，比屈折率差を小さくすることが望ましい。しかし，Δ を小さくすると，コア中に光を閉じ込める導波能力が減少するので，実用的には $\Delta=1\%$ 程度が使用されている。

（2） グレーデッド形多モード光ファイバのモード分散

グレーデッド形のコア部での屈折率分布は，コア中心での値 n_1 が大きく，周辺部にいくにしたがって徐々に低くなっており（図 5.1 参照），次式で表さ

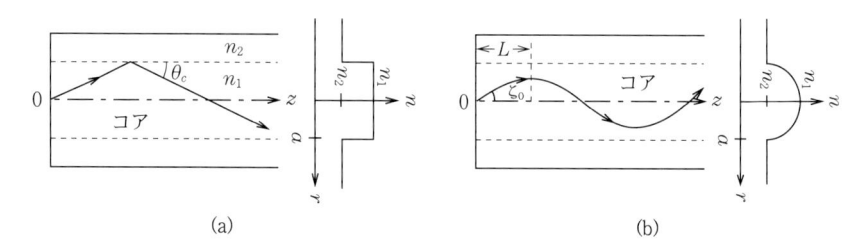

図 7.3 多モード光ファイバにおける光線伝搬と分散
 (a) ステップ形　(b) グレーデッド形

れる。

$$n(r) = n_1\sqrt{1-2\Delta\left(\frac{r}{a}\right)^\alpha}　\qquad(7.5)$$

ただし，a はコア半径，α はベキ乗指数である。グレーデッド形では，コア中心を直進する光線とコア中を蛇行しながら伝搬する光線との群遅延差は，ステップ形の場合よりも減少することが予測される。別の理論によると，$\alpha=2$ のときに，上記 2 光線の群遅延差が小さくなることがわかっている。

光の伝搬軸を z 軸にとる。コア半径 a の 2 乗分布形光ファイバのコア中心に，光線が z 軸と角度 ζ_0 をなして入射する場合，光ファイバ内の光線経路は光線方程式を解いて求められる。子午光線の経路は，式(5.7)を利用して

$$r = \frac{a\sin\zeta_0}{\sqrt{2\Delta}}\sin\left(\frac{z\sqrt{2\Delta}}{a\cos\zeta_0}\right) \qquad(7.6)$$

で表される。式(7.6)は，光線が光軸の両側を蛇行しながら，z 軸方向に伝搬していることを表している（図 7.3(b)参照）。

この蛇行光線が，入射端から r について初めて最大振幅をとるまでの経路を考える。そのときの軸方向伝搬距離は，式(7.6)より

$$L = \frac{\pi a \cos\zeta_0}{2\sqrt{2\Delta}}$$

で得られる。光線が半径方向に微小距離 dr 進むとき，光線の経路に沿って進む距離は $\sqrt{1+(dz/dr)^2}\,dr$ となる。よって，光線が軸方向に L，半径方向に r だけ進行するとき，蛇行光線と直進光線の光路長差から 2 乗分布形の群遅延差が求められる。これは式(7.5)および式(7.6)を用いて

$$\tau_g = \frac{1}{L}\int\frac{\sqrt{1+(dz/dr)^2}\,dr}{c/n(r)} - \frac{n_1}{c} \fallingdotseq \frac{n_1}{c}\frac{\Delta^2}{2} \qquad(7.7)$$

で得られる。式(7.7)を導くにあたっては，弱導波近似 $\Delta \ll 1$ のもとで，Δ の 2 次の微小量まで考慮した。

式(7.7)から，2 乗分布形光ファイバのモード分散が比屈折率差 Δ の 2 乗に比例することがわかる。式(7.7)は伝搬角が異なる光線について，光路長が Δ^2 までの範囲内では等しくなることを反映している。

式(7.4)と式(7.7)を比較すると，多モード光ファイバの場合，2 乗分布形の方がステップ形よりモード分散が比屈折率差 Δ のオーダ分だけ少ないことがわかる。2 乗分布形でも実用上は $\Delta=1\%$ 程度が使用されるから，2 乗分布形多モード光ファイバはステップ形に比べて約 2 桁伝送帯域が広くなることが予

測できる。

(3) プロファイル分散

グレーデッド形では屈折率がコア中で変化している。上記理論では屈折率の波長依存性が分散特性に及ぼす影響を無視した。この影響を考慮して，モード分散を波動的に扱うと，光ファイバ出射端での2乗平均パルス幅 σ_M は，ベキ乗指数 α が

$$\alpha_{\mathrm{opt}} = 2 + y - \Delta \frac{(4+y)(3+y)}{(5+2y)} \tag{7.8 a}$$

$$y = -\frac{2n_1}{N_1} \frac{\lambda}{\Delta} \frac{d\Delta}{d\lambda} \tag{7.8 b}$$

のときに最小値をとる。上記結果を導く際に，伝搬中にモード変換がないとしており，$N_1 = n_1 - \lambda(dn_1/d\lambda)$ はコア中心での**群屈折率**である。y は比屈折率差の波長依存性を表すパラメータで**プロファイル分散**（profile dispersion）と呼ばれる。

比屈折率差の波長依存性により，ベキ乗分布形光ファイバでパルス広がりを最小化するベキ乗指数が 2 からずれる。石英系グレーデッド形光ファイバに対する α_{opt} は，通常 $1.8 < \alpha_{\mathrm{opt}} < 2.3$ 程度である。式 (7.8 a) が成立するとき，石英光ファイバの 2 乗平均パルス幅は $\sigma_M \simeq 150\Delta^2 [\mathrm{ns/km}]$ で近似できる。

§7.3 材料分散と導波路分散

光通信用光源である半導体レーザは，利得が大きなために，伝送特性に有意な変化をもたらす程度のスペクトル幅をもつ。また，レーザを変調した場合，変調により側波帯が生じるため，等価的にスペクトル幅が広がりをもつ。このように，伝搬光がスペクトル幅をもつとき，光ファイバ中の特定次数のモードだけに着目した場合でも，波長毎に伝搬遅延時間が異なるため，入射光パルスが広がりをもつようになる。この要因による広がりを**色分散**（chromatic dispersion）または**波長分散**という。これは最低次モードだけが伝搬する単一モード光ファイバでも現れるもので，単一モード光ファイバの分散の主要因である。

光源からでた光が中心波長 λ, 波長幅 $\delta\lambda$（変調によるスペクトル広がりを

§7.3 材料分散と導波路分散

無視）を有するとき，単位波長幅当たりの群遅延量は式(7.2)を利用して

$$S \equiv \frac{\delta \tau_g}{\delta \lambda} = k_0 \frac{1}{c\lambda} \frac{d^2\beta}{dk_0^2} \tag{7.9}$$

で得られる．ステップ形光ファイバにおいて，式(4.14)を式(7.9)に代入し，比屈折率差Δの波長依存性，各モードの電磁界分布の影響を考慮に入れると，弱導波近似のもとで群遅延量が

$$S = \frac{1}{c\lambda}\left\{\lambda^2 \frac{d^2 n_1}{d\lambda^2} H + \lambda^2 \frac{d^2 n_2}{d\lambda^2}(1-H) + \Delta n_1 v \frac{d^2(vb)}{dv^2}\right\} \tag{7.10}$$

$$H(v) = b + \frac{1}{2} v \frac{db}{dv}, \qquad b(v) = \left(\frac{w}{v}\right)^2 \tag{7.11 a, b}$$

で求められる．ここで，$H(v)$は各モードのコア内伝搬光パワの全領域光パワに対する比に相当しており，$b(v)$は伝搬定数のVパラメータ依存性を表す項である．

式(7.10)の第1，2項目は光ファイバ構成材料の屈折率分散から決まるもので，**材料分散** (material dispersion) という．材料分散はコア，クラッド材料の個々の材料分散を，各領域の光パワ分布で重みづけした値に依存することを表している．この材料分散は，全伝搬光パワがコア中を伝搬する場合でも生じる．すなわち，材料分散は無限に広がった媒質内でも生じ得る，光ファイバ材料固有のものである．

一方，式(7.10)の第3項目は，光ファイバが導波路構造をとったことにより新たに生じる項であり，**導波路分散** (waveguide dispersion) または**構造分散**と呼ばれる．導波路分散は比屈折率差Δに比例し，Vパラメータvに依存している．導波路分散パラメータ$v\{d^2(vb)/dv^2\}$のVパラメータ依存性を図7.4に示す．単一モード領域では，vが小さくなるほど分散パラメータの値が大きくなっている．導波路分散は，後述するように，分散制御光ファイバの分散を調整する場合に重要となる．

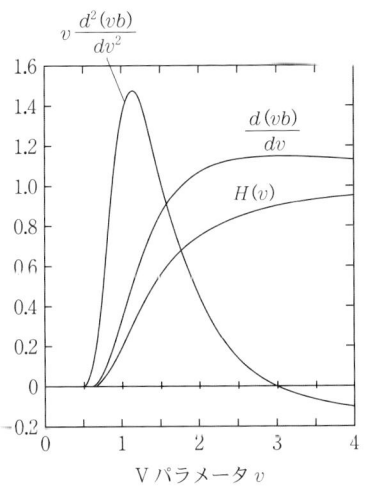

図7.4 波長分散に関係したステップ形単一モード光ファイバの諸パラメータ

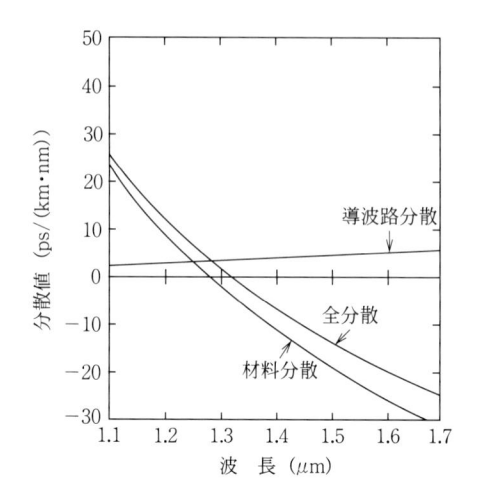

図 7.5 石英系ステップ形単一モード光ファイバの分散特性

　石英系ステップ形単一モード光ファイバに対する材料分散，導波路分散，全分散の数値例を図 7.5 に示す．石英系のステップ形では，全分散が通常 1.3 μm 近傍で零となり，この波長を**零分散波長**（zero-dispersion wavelength）と呼んでいる．零分散波長では超広帯域伝送が可能なことが予測される．実際，1.3 μm 帯は光ファイバ通信で使用される有力な波長帯のひとつである．この零分散波長は光ファイバへの屈折率分布形成用添加剤や導波路構造に強く依存している．

【数値例】　石英系光ファイバに対する分散値を見積る．光源のスペクトル幅を $\delta\lambda=1\,\mathrm{nm}$ とすると，材料分散は波長 $\lambda=1.3\,\mu\mathrm{m}$，$v=2.4$ のとき $\tau_g=2\,\mathrm{ps/km}$ で得られる．ステップ形多モード光ファイバのモード分散は，$\Delta=1\%$，$n_1=1.5$ とすると $\tau_g=50\,\mathrm{ns/km}$ で，2 乗分布形多モード光ファイバのモード分散は同じパラメータに対して $\tau_g=250\,\mathrm{ps/km}$ で得られる．

　上記数値結果をまとめると，各分散値の大小関係の概略は以下のようになる．

　　　波長分散≪モード分散（グレーデッド形）≪モード分散（ステップ形）

このように，単一モード光ファイバでは分散が小さな値を示し，広帯域伝送が

期待できるので光通信に使用されている（表3.1参照）。光ファイバで単一モード条件を満たすには，コア直径を数 μm～10 μm 程度にする必要がある。このような微小なコア径の場合，光ファイバ接続が難しかったが，この問題も技術の進歩により克服された。高い伝送速度を必要とする場合には，単一モード光ファイバが使用される。中程度の伝送容量が必要とされるとき，たとえば LAN ではグレーデッド形多モード光ファイバが使用される。

単一モード光ファイバの伝送で光源のスペクトル幅が狭くなると，変調によって広がるスペクトル幅の効果が無視できなくなる。この場合，帯域は $\sqrt{L}$（ルートエル）特性を示すようになる。

多モード光ファイバの場合，光源のスペクトル幅による分散効果はモード分散に比べて微小であるから，モード分散が主な分散要因となる。

§7.4 分散制御光ファイバ

光ファイバ通信の進展に伴い，標準的な構造であるステップ形やグレーデッド形以外の屈折率分布をもつ光ファイバが必要となってきた。背景にあるのは，

① 光ファイバ製造技術の進歩により，極低損失帯が 1.55 μm 帯にあることがわかったこと，
② 高性能な希土類添加光ファイバ増幅器が開発され，既設光ファイバを有効利用する必要性が生じたこと，
③ 複数波長の光を搬送波とする光波長多重通信が現実味を帯びてきたこと，

などである。

以下で説明する光ファイバは，これらの技術的変化に対応するために開発されているものである。分散シフト光ファイバ，分散フラット光ファイバ，分散補償光ファイバはそれぞれ目的が異なるが，いずれも分散特性を制御するので，これらを総称して**分散制御光ファイバ**という。これらはいずれも，単一モード光ファイバの変形であることに留意せよ。

（1） 分散シフト光ファイバ

　通常の石英系単一モード光ファイバの低分散領域は $1.3\ \mu\mathrm{m}$ 近傍にある。一方，石英系光ファイバの低損失領域は，既述のように，$1.55\ \mu\mathrm{m}$ 近傍にある。そこで，この波長帯で損失だけでなく，全分散も最低になるように，導波路分散を制御すると，低損失と低分散を兼ね備えた光ファイバが可能となる。このように，零分散波長を $1.3\ \mu\mathrm{m}$ 帯から $1.55\ \mu\mathrm{m}$ 帯にシフトさせた光ファイバを**分散シフト光ファイバ**（dispersion-shifted fiber）という。

　$1.55\ \mu\mathrm{m}$ で零分散を実現する１つの方法は，色分散式(7.10)から直ちにわかるように，比屈折率差 $\varDelta$ と導波路分散パラメータを大きくすることにより，導波路分散を大きくし，材料分散と相殺させることである。ステップ形にこの方法を適用すると，Ｖパラメータ v を小さくしなければならず，コア径を小さくすると光ファイバ接続が難しくなる。また，$\varDelta$ を大きくするためには，コアへの添加剤（通常，Ge）を多くする必要がある。添加剤により散乱損失が増加し，全損失が必ずしも $1.3\ \mu\mathrm{m}$ 零分散光ファイバのようには下がらないという問題があった。

　過剰損失問題を克服し，かつ曲げに対しても強くするため，三角形分布コアの外側に突起をつけた変形三角形分布コア構造が考案された。三角形分布コアは式(7.5)のグレーデッド形でベキ乗指数を $\alpha=1$ としたものである。この構造ではカットオフ波長 λ_c 近傍で導波路分散パラメータがかなり大きくなるため，$\lambda_c\approx 1.50\ \mu\mathrm{m}$ で $\varDelta=0.9\%$ で済む。変形三角形分布コアの分散シフト光フ

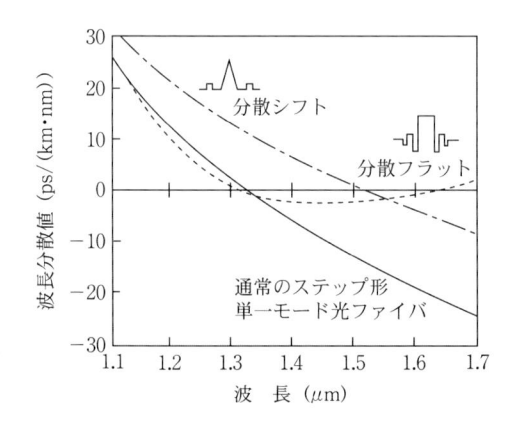

図7.6　分散制御光ファイバの全分散

ァイバの分散例を図 7.6（1 点鎖線で図示）に示す．低損失帯である 1.55 μm 近傍で全分散が零となっていることが確認できる．

（2） 分散フラット光ファイバ

 伝送容量を増加させるひとつの方法として，近接した波長域で同時に多数波長の光を搬送波とする光波長多重通信がある．これを利用すると，使用波長分だけ単一波長搬送波を使用した場合よりも伝送容量が増加することが予測される．光波長多重通信でも低損失の 1.55 μm 帯を使用することが考えられている．光波長多重通信への応用では，できる限り広い波長範囲にわたって低分散を実現する**分散フラット光ファイバ**（dispersion-flattened fiber）が重要となる．

 厳密な分散フラット光ファイバを実現するには，材料分散と符号の反転した導波路分散を形成すればよい．材料分散は，図 7.5 からわかるように，波長に対してかなり急な勾配をもっている．したがって，導波路分散パラメータが V パラメータに対して急な勾配をもった構造を探せばよい．W 形（コアとクラッドの間に屈折率の低い中間層がある構造）や 4 重クラッド形光ファイバが試みられている．分散フラット光ファイバの分散例を図 7.6（破線で図示）に示す．制御すべきパラメータが多くなっており，特性のよい光ファイバは今後の研究の進展を待つ必要がある．

（3） 分散補償光ファイバ

 希土類添加光ファイバ増幅器（第 11 章参照）が高性能化するにつれて，1.55 μm 帯での損失制限による中継間隔が極度に延びた．したがって，新規に光ファイバを布設する場合は，1.55 μm 帯で使用することを念頭において，分散シフト光ファイバを用いればよい．

 既設の光ファイバが 1.3 μm 零分散光ファイバであるとき，耐用年数以前にこれを廃棄して，新しい光ファイバを布設するのは不経済である．この場合，既設光ファイバと光増幅器を併用して 1.55 μm 帯で使用することにすると，この波長で約 +17 ps/(km·nm) の分散があり，中継間隔が損失制限から分散制限に変わる．そこで，1.55 μm 帯で符号が逆の分散特性をもつ光ファイバを既設光ファイバに継ぎ足し，分散を相殺するようにすれば，既設光ファイバを取り替えることなく，中継間隔を延長させることができる．このような目的

に使用する光ファイバを**分散補償光ファイバ**（dispersion compensating fiber）と呼ぶ．

ステップ形で分散補償光ファイバを実現するには，図7.5から予測できるように，比屈折率差Δを2%程度まで大きくすればよいが，コアへの添加剤増加により，損失増加やガラスの構造欠陥を生じる．W形光ファイバでは，ステップ形よりも小さなΔで大きな導波路分散パラメータ値をとるように設計できるので，分散補償光ファイバとして用いられる．

【演習問題】

7.1 2つの等振幅の波動 $u_1 = \cos(\omega_1 t - \beta_1 z)$ と $u_2 = \cos(\omega_2 t - \beta_2 z)$ があるとき，これらの和からなる合成波を考える．2周波数が近接しているとき，合成波の包絡線で最大振幅の伝搬速度を求め，差分を微分に置き換えることにより，これが群速度(7.1)に一致することを示せ．

7.2 光ファイバ特性の概略が次の表のようにまとめられる．このような特性が得られる理由を，違いが明確になるように定性的に説明せよ．

種　　類		伝送帯域	コア径
単一モード光ファイバ		極めて広い	小
多モード光ファイバ	ステップ形	狭い	大
	グレーデッド形	広い	大

7.3 比屈折率差 $\Delta = 1\%$ のステップ形およびグレーデッド形多モード光ファイバが距離5km伝搬するときの群遅延時間差を光線近似で求めよ．ただし，コア中心の屈折率を $n_1 = 1.45$ とせよ．

7.4 3種類の分散制御光ファイバの概要を述べよ．また，それらの分散制御光ファイバが開発されるに至った契機を説明せよ．

7.5 パルス幅10 ps，スペクトル幅5 nmの光を単一モード光ファイバ（波長分散：5 ps/(km·nm)）で伝搬させるとき，符号伝送速度が1 Gbpsと500 Mbpsのときについて，分散制限による中継間隔を求めよ．ただし，ある距離伝搬後のパルス幅は，元のパルス幅と分散による広がりの2乗平均で与えられるものとする．

7.6 光ファイバ通信で使用される波長は，どのような考え方に基づいて決められているか説明せよ．

第 8 章

光の発生と増幅

　レーザは光と物質の相互作用を利用して，光の増幅や発振を行う装置である。光を増幅させる上での基本概念は，外部光に誘導される形で新しい光が発生するという，誘導放出である。この過程があることにより，レーザ固有の性質である可干渉性すなわちコヒーレンス特性が生まれている。つまり，レーザの存在により，光領域における電磁波があるといえる。レーザが他の光にない性質を有するために，種々の応用が可能になっている。

　本章では，まず光の増幅について考察を進め，光の増幅にとって誘導放出が不可欠な要素であることを説明する。次に，レーザ発振にとって必須条件である光の増幅と正帰還が，反転分布と共振器構造で実現できることを述べる。その後，レーザの発振条件を，しきい値と発振周波数の面から説明する。

§8.1 光と物質の相互作用の素過程

　媒質内では電子軌道が量子化されているために，離散的なエネルギー準位が形成されており，各準位には許容された電子のみが存在する。光と物質の相互作用では，光子と電子で考えると理解しやすい。

　光と物質の相互作用で基本的な素過程は，吸収と自然放出である。**吸収** (absorption) は，図 8.1(a) に示すように，下の準位にある電子が，光エネルギーをもらって上の準位へ遷移する過程である。**自然放出** (spontaneous emission) とは，同図(b)に示すように，各準位に存在する電子が，外部とは無関係に，一定の確率で下の準位へ緩和するときに光を発生する現象である。自然放出で光が発生しても，全く不規則な過程であるから，光エネルギーが増幅されることはない。

　これに対して，外部からの刺激をきっかけとして，各準位に存在する電子が

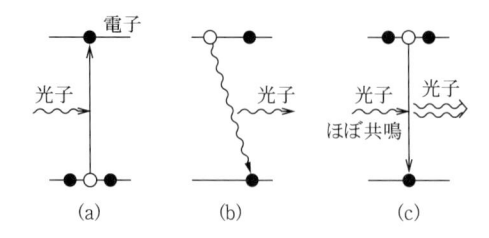

図 8.1 光と物質の相互作用における素過程
(a) 吸収　(b) 自然放出　(c) 誘導放出

誘導されて，下の準位へ遷移するときに光を発生する過程があり，これを**誘導放出**（stimulated emission）という．外部光に誘導される形で新しい光が発生するため，外部光と新しく発生する光の間で位相が揃うというコヒーレンス特性が生まれ，これがレーザの本質に密接に関連している．

誘導放出の特徴は，次のようにまとめられる．

① 誘導放出は，遷移する 2 準位間にほぼ共鳴する光エネルギーが入射した場合に生じる．入射は電磁界であることが本質的であり，一般のエネルギーが対象ではない．
② 励起準位にある原子が，入射光と位相を合わせて下準位に遷移するとき，新しい光を放出する．つまり，コヒーレンスの起源がここにある．
③ 上準位から下準位への（誘導放出）遷移確率と，下準位から上準位への（誘導吸収）遷移確率が等しい．
④ 上記遷移確率は入射光のエネルギー密度に比例する．

§8.2　レーザの発振原理

この節では，レーザの基本構成を述べた後，発振原理を増幅過程と共振過程に分けて説明する．

（1）　レーザの基本構成

レーザは光を増幅・発振させる装置であり，出てくる光の位相が揃っていることが本質的である．そのため，レーザを発生させるには，図 8.2 に示すように，光の増幅と正帰還が不可欠である．

§8.2 レーザの発振原理

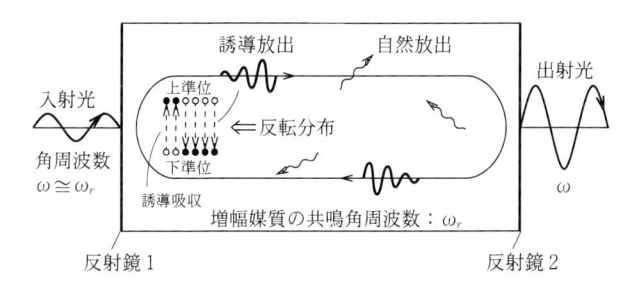

図8.2 レーザの発振原理

　光の増幅は次のようにして説明できる。媒質内での遷移原子数は各準位に存在する原子数と遷移確率の積に比例する。よって，上準位の電子数 N_U が下準位の電子数 N_L よりも多い ($N_U > N_L$) 状態のもとで，媒質に共鳴する光が入射すると，誘導放出の特徴③により，誘導吸収よりも誘導放出が多く生じるため，入射光子数よりも放出光子数が多くなる，つまり光は増幅されることになる。このような，上準位の電子数が下準位の電子数よりも多い状態を**反転分布** (population inversion) という。

　たとえば図示するように，電子が上準位に4個，下準位に2個存在する場合を想定し，量子効率が1と仮定する。光子が2個入射すると，誘導吸収により2個の電子が上準位に遷移すると同時に，誘導放出により4個の電子が下準位に遷移し，このとき4個の光子を発生する。つまり，差し引き2個の光子が増加することになる。光の増幅にとって，誘導放出や反転分布が必須である。

　光を発振させるには，電磁界の位相を揃えることが必要であり，正帰還を施すことで達成できる。正帰還をかけるには，2枚以上の反射鏡を用いて，誘導放出された光を増幅媒質内で周回させる。よく用いられるのは，図8.2に示すように，反射率の高い一組の反射鏡を増幅媒質の外側に設置する方法である。この一組の反射鏡を**光共振器** (optical cavity) と呼ぶ。

　図8.2において，増幅媒質内で反転分布が形成されていると，誘導放出光は外部からの入射光を増幅し，かつ反射鏡により入射光と位相を合わせて発生し，増幅光の一部が反射鏡2から取り出される。しかし，自然放出光は入射光とは無関係に，あらゆる方向に発生するので増幅に寄与することがなく，むしろ雑音要因となる。

　因みに，レーザ (laser) とは誘導放出による光の増幅 (light amplification by stimulated emission of radiation) の頭文字をとったものである。

レーザ特性は，後述するように，増幅媒質の特性と共振器の特性で決まる。以下で，これらの個々について説明する。

（2） 増幅媒質での利得

増幅媒質でのスペクトル分布は，バネ運動をしている荷電粒子に光が入射して，荷電粒子を強制振動させるモデルで求められる。このようなバネ振動モデルを用いると，入射光角周波数 ω が媒質の共鳴角周波数 ω_r にほぼ等しい共鳴遷移の場合，振幅利得係数は

$$g_a(\omega) \propto (N_U - N_L)\frac{\gamma}{(\omega-\omega_r)^2+\gamma^2} \tag{8.1}$$

のように，ローレンツ関数で記述できる。ここで，γ は増幅媒質の共鳴幅である。式(8.1)より，反転分布 $(N_U > N_L)$ が形成されていれば，$g_a > 0$ となり，利得が得られることがわかる。

光の増幅を行うには，遷移に関与する2準位の間で反転分布が必要である。しかし，通常の場合，反転分布は形成されていない。

電子は温度 T において熱エネルギー $k_B T$（k_B：ボルツマン定数）をもって運動しているため，電子どうしが衝突し，全体としてエネルギーの大きな上準位 E_U と下準位 E_L の間で行き来している。熱平衡状態のもとで，上準位の電子数 N_U と下準位の電子数 N_L はボルツマン分布

$$N_U = N_L \exp\left(-\frac{E_U - E_L}{k_B T}\right) \tag{8.2}$$

に従って分布している。よって，熱平衡状態ではエネルギーの小さな下準位の方が上準位よりも電子が多く分布している。

反転分布を形成するには，熱平衡状態を打ち破る必要があり，下準位に存在する電子を何らかの方法で上準位にもち上げる。これを**励起**または**ポンピング**（pumping）と呼ぶ。ポンピングには，光励起，電流注入，放電励起，電子ビーム励起など各種方法が用いられている。

（3） 光共振器

正帰還を施すには光共振器を構成すべきことを既に述べた。光共振器として最も簡単で有効なものは，図8.2に示したように，2枚の平面反射鏡からなる**ファブリ・ペロー**（Fabry-Pérot）形である。

次に，ファブリ・ペロー共振器の透過特性を求める．2枚の反射鏡の電界に対する反射率を r_1, r_2，鏡間隔を L とする．外部から電界 E_i の光が入射すると，共振器内を多重反射した後，一部の光が共振器を透過し，電界 E_o が出射する．多重反射後の光強度透過率は

$$T_{\mathrm{cav}} \equiv \frac{|E_o|^2}{|E_i|^2} = \frac{(1-R_1)(1-R_2)}{1+R_1R_2-2\sqrt{R_1R_2}\cos(2kL)} \tag{8.3}$$

で得られる．ここで，$R_j = r_j^2$ $(j=1,2)$ は各反射鏡の光強度反射率，k は媒質中の波数である．

多重反射後の強度透過率 T_{cav} の $2kL$ に対する依存性を図 8.3 に示す．ただし，2枚の反射鏡の強度反射率が等しく，$R_1 = R_2 \equiv R$ とする．図から，T_{cav} の特徴が次のようにまとめられる．

① 透過域が周期的に現れる．
② kL が π の整数倍だけ異なる光は区別できない．
③ 透過幅は，反射鏡の反射率 R が大きくなると狭くなる．

T_{cav} が最大になるのは，式(8.3)の分母が零になるときである．すなわち，共振条件が満たされる $2kL = 2\pi\ell$ (ℓ：整数) のときである．この条件は，光が共振器を一往復するとき，位相変化が 2π の整数倍になることと同じである．よって，ファブリ・ペロー共振器自身の共振角周波数 ω_c は

$$\omega_c = \frac{\ell\pi c}{L} \tag{8.4}$$

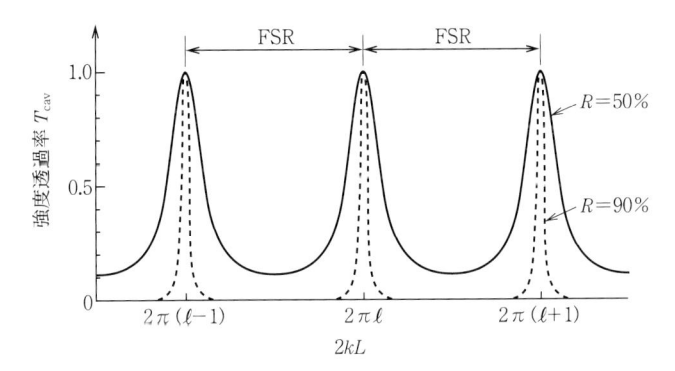

図 8.3 ファブリ・ペロー共振器の透過特性
　　　 FSR：自由スペクトル領域，L：共振器間隔

と書ける。ただし，c は真空中の光速である。これより，隣接する共振ピーク間の角周波数差は一定値となる。共振周波数間隔内にある光は，他の次数と混同することなく区別できるので，この間隔を自由スペクトル領域（FSR：free spectral range）という。

光共振器では，一方の反射鏡から光を取り出すために，強度反射率が1よりわずかに小さな値となっている。また，伝搬損失もある。このようにして，共振器から失われる光エネルギーの減衰率を χ で表すと，χ は透過帯域幅にも相当する。

§8.3 レーザの発振条件

レーザの発振条件を知ることは，レーザの本質を定性的に理解する上でも重要である。発振条件として，発振しきい値と発振周波数を考える。

（1） レーザの発振しきい値

発振条件を考えるために，図8.4上側に示すように，長さ L の共振器内部に増幅媒質が一様にあり，光がこの共振器中を往復する過程を考察する。共振器を形成する反射鏡1と2の振幅反射率をそれぞれ r_1 と r_2 とする。また，共振器中での増幅媒質の振幅利得係数を g_a で表し，レーザ遷移以外の要因，たとえば共振器からの損失などを振幅損失係数 α で表すものとする。

まず，図8.4下側に示すように，反射鏡1の表面での電界を E_e（図中①）とする。光が共振器中を片道伝搬すると，反射鏡2の直前での電界の大きさは $E_e \exp\{(g_a-\alpha)L\}$ となり（図中②），一般には伝搬前に比べて電界が増加する。反射鏡2で反射直後の電界は $E_e r_2 \exp\{(g_a-\alpha)L\}$ となり（図中③），反射直前に比べて電界が r_2 分だけ減少する。さらに，元の方向に光が伝搬すると，反射鏡1の直前での電界は $E_e r_2 \exp\{2(g_a-\alpha)L\}$ となり（図中④），電界がまた増加する。反射鏡1で反射直後

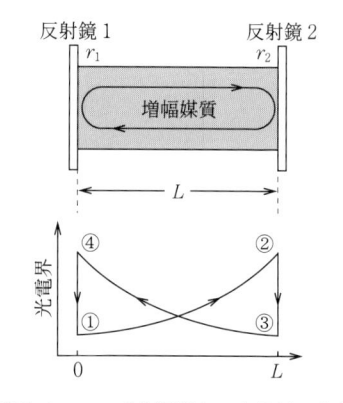

図8.4 レーザ共振器中の光電界の変化

の電界は $E_e r_1 r_2 \exp\{2(g_a-\alpha)L\}$ となる．レーザ発振するには，この値が元の E_e に等しくなる必要がある．

以上の伝搬過程を式で表すと，振幅について

$$\sqrt{R_1 R_2} \exp\{2(g_a-\alpha)L\} = 1 \tag{8.5}$$

が成立することになる．ただし，$R_j = r_j^2$ $(j=1, 2)$ は鏡の強度反射率である．$\exp\{2(g_a-\alpha)L\}$ は，光が共振器内を一往復するときの増幅媒質による正味の利得を表す．$\sqrt{R_1 R_2}$ (<1) は反射鏡の反射率が1でないことによる光の減衰を表す．上記の振幅利得係数 g_a は増幅媒質の特性と，$g_a \equiv k_0 \chi''(\omega)/2n_0$ で関係づけられる．ただし，k_0 は真空中波数，$\chi''(\omega)$ は増幅媒質部の電気感受率の虚部，n_0 は増幅媒質の屈折率である．

式(8.5)を別の角度から解釈する．上述のように，$\sqrt{R_1 R_2} < 1$ であるから，式(8.5)の左辺の積が1となるためには，$\exp\{2(g_a-\alpha)L\} > 1$ を満たす必要がある．したがって，レーザ発振は，フィードバック系での増幅 (g_a) が共振器伝搬中の損失 (α) に打ち勝つとき ($g_a > \alpha$) に得られることを意味している．つまり，式(8.5)はレーザ発振のしきい値条件を表している．

（2） 光出力と反転分布の励起エネルギー依存性

以上説明したように，増幅媒質によって利得を得るが，共振器構造により損失も受ける．そのため，外部からの励起エネルギーがそのままレーザ出力に結びつくわけではない．図8.5(a)に，レーザ出力と反転分布の励起エネルギー

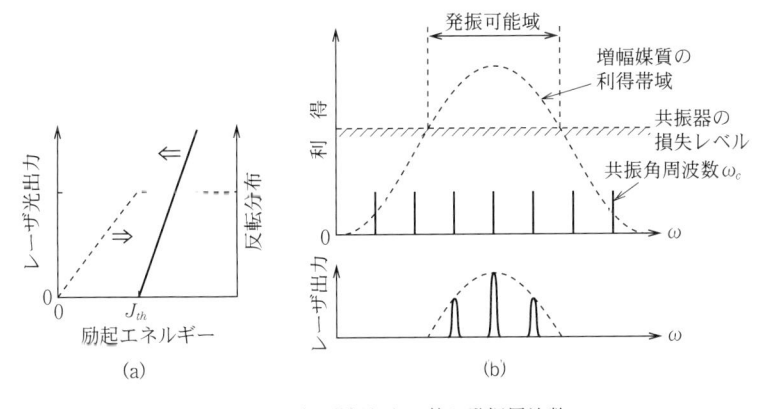

図8.5 レーザの発振しきい値と発振周波数
(a) 反転分布と光出力　(b) 発振周波数

依存性の概略を示す。励起エネルギーは、初めのうちは反転分布を形成するために、つまり下準位にある電子を上準位に励起するために使用される。こうして蓄えられたエネルギー、つまり利得が共振器による損失を上回ったとき、レーザ光が発生する。したがって、発振するためには、あるしきい値が存在する。しきい値を超えた後は、反転分布は一定値を保持したままで、励起エネルギーは光出力に使われる。そして、発振したレーザ光の一部を一方の反射鏡から取り出して利用する。

(3) レーザの発振角周波数

レーザ発振するためには、既述のように、光が共振器内を一往復して元の位置に戻るとき、電界の位相変化が 2π の整数倍になっている必要がある。このとき、共振器中には増幅媒質があるので、増幅媒質自身も電気感受率の実部 $\chi'(\omega)$ を通じて位相シフトを与える。よって、レーザの発振周波数は、位相項を考えて

$$k_0\left\{2n_0+\frac{\chi'(\omega)}{n_0}\right\}L=2\pi\ell \quad (\ell:整数) \tag{8.6}$$

を満たす。ただし、n_0 は増幅媒質の屈折率、k_0 は真空中の波数である。式(8.6)の左辺第1項は共振器の効果であり、第2項は増幅媒質の効果である。

式(8.5)と(8.6)を合わせると、レーザ発振するには、光が共振器を周回したとき、複素振幅の範囲内で電界が等しくなる必要があることを意味している。

増幅媒質自身も $\chi'(\omega)$ を通じて位相シフトを与えるため、式(8.6)で示すように、レーザ発振角周波数 ω_L は必ずしも、式(8.4)で示した共振器の共振角周波数 ω_c とは一致しないこと ($\omega_L \neq \omega_c$) がわかる。より厳密な理論によると、レーザの発振角周波数 ω_L は次式で表せる。

$$\omega_L=\frac{\chi\omega_r+\gamma\omega_c}{\chi+\gamma} \tag{8.7}$$

式(8.7)は、レーザの発振角周波数 ω_L が、共振角周波数 ω_c と増幅媒質の共鳴角周波数 ω_r を、ファブリ・ペロー共振器の透過帯域幅 χ と増幅媒質の共鳴幅 γ の比で内分する値で決まることを示している。

光ファイバ通信で利用される、赤外光よりも短い波長帯では、通常、増幅媒質の利得帯域幅の方が共振器の透過帯域よりも十分に広い ($\gamma \gg \chi$)。したがって、幅 γ の利得帯域の中に多くの共振モードが存在することになり、多くの

モードが同時に発振する可能性が高くなる。図8.5(b)に示すように，増幅媒質の利得が共振器の損失レベルを上回ったときにレーザ発振する。このような各モードを**縦モード**（longitudinal mode）と呼び，縦モードが複数発振している状態を**多モード発振**（multimode oscillation）という。光通信では，光源である半導体レーザの多モード発振を防止して，単一縦モード発振させることが重要な課題となっている。

【演習問題】

8.1 レーザ発振における誘導放出と自然放出の役割を説明せよ。

8.2 レーザ発振に不可欠な2つの要素をあげ，発振原理を説明せよ。

8.3 レーザの発振特性において，しきい値以上で光出力が上昇しても反転分布が一定値をとる理由を説明せよ。

8.4 レーザの縦モードスペクトル特性はどのようにして決まるか説明せよ。

第 9 章

半導体レーザの基礎

　光ファイバ通信の光源として半導体レーザが用いられている。半導体レーザは電流による直接変調が可能なため，通信構成要素としての変調器が不要という特徴をもたらしている。

　半導体レーザの室温連続発振は，1970 年の GaAs（発振波長：$0.85\,\mu$m 近傍）を用いたものが最初である。当初は寿命に問題があったが，寿命に関係した暗線の発生機構が解明され，十分実用に耐えるようになり今日に至っている。光ファイバ開発の進展に伴って，発振波長がより長波長側に移行してきた。

　本章では，半導体レーザの発振原理と構造を GaAs を例にとって説明した後，いくつかのレーザ特性を述べ，最後に光通信用半導体レーザの具体例について説明する。

§9.1　半導体レーザの発振原理と構造

(1)　発 振 原 理

　半導体でレーザ発振を得るには，前章で述べたように，増幅作用と正帰還を併せ持つことが必要である。まず，増幅（利得）を得る方法を説明する。

　半導体の中でレーザなど発光素子として用いることができるのは，通常，**直接遷移形半導体**（価電子帯の頂点と伝導帯の底点が同じ電子波数位置にあるもの。電子とホール（正孔）が再結合するとき，フォノンを出さないで光子だけを放出）のみである。間接遷移形でも超微粒子化による Si の発振例はあるが，現時点ではあまり一般的ではない。

　図 9.1 に，直接遷移形のバンド構造を単純化して示す。半導体レーザでは，伝導帯にある電子と価電子帯にあるホールが再結合することにより発光する。

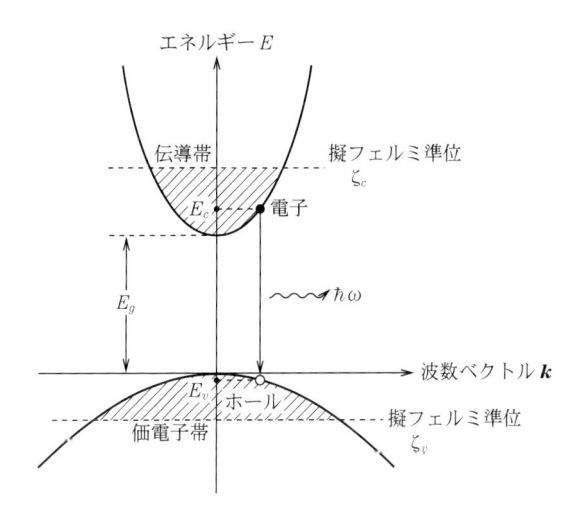

図 9.1 半導体における反転分布

pn 接合(pn junction)で順方向にバイアス電圧を印加すると,電子は n 形半導体から p 形内へ注入される.同時に,ホールは p 形から n 形へ注入される.移動した電子とホールが pn 接合の中間領域で再結合して消滅する際に発光する.

光増幅を生じるためには反転分布が必要である.半導体ではエネルギーがバンド構造をしているので,離散的準位の場合と異なり,状態密度つまり単位エネルギー当たりの状態数が重要となる.よって,半導体レーザにおける反転分布条件は,伝導帯での電子数が価電子帯でのホール数を上回ることとなる.

半導体での反転分布条件は,電子とホールが従うフェルミ・ディラック統計に基づいて求めると,

$$\zeta_c - \zeta_v > \hbar\omega \tag{9.1}$$

で得られる.ここで,ζ_c および ζ_v はそれぞれ,電子およびホールに対する**擬フェルミ準位**(異種の金属や半導体が非熱平衡接触をもつとき,電子とホールの濃度分布を熱平衡に準じて記述するため,フェルミ準位に代用するもの),$\hbar \equiv h/2\pi$,h はプランク定数である.また,遷移に関与する電子とホールのエネルギーをそれぞれ E_c, E_v とするとき,$E_c - E_v = \hbar\omega$(ω:光の遷移角周波数)を用いた.

一方,電子遷移を生じる条件は,禁制帯幅(band gap)を E_g として,

$$\hbar\omega > E_g \tag{9.2}$$

で得られる．上記2式をまとめて

$$\zeta_c - \zeta_v > E_g \tag{9.3}$$

これは Bernard-Durafforg の条件といわれている．

以上をまとめて，半導体で光増幅を生じる条件は，① 入射光エネルギーが擬フェルミ準位差よりも小さく，かつ② 入射光エネルギーが禁制帯幅よりも大きなときである（図9.1参照）．

ところで，ホモ接合（同じ半導体材料のp形とn形を接合させたもの）では，電子の拡散距離が大きいので（室温で数 μm 程度），pn接合の中間領域ではキャリア密度を大きくすることができない．よって，ホモ接合ではしきい値が高く，当初は液体窒素温度（約77 K）などの極低温でしかレーザ発振しなかった．

（2） 二重ヘテロ接合

室温で半導体がレーザ発振するようになったのは，図9.2に示す，禁制帯幅の狭い半導体（活性層：active layer）を，禁制帯幅の広い半導体（クラッド層）で挟んだ，**二重（ダブル）ヘテロ接合**（double hetero-junction）のおかげである．二重ヘテロ接合といわれるのは，異種の半導体を接合した面が2ヶ所あるからである．二重ヘテロ接合の特徴は次の2点である．① ポテンシャル差により，キャリアを狭い領域に閉じ込めて，電子とホールの再結合による発光が生じやすくなること．② 屈折率差により，発生した光の閉じ込めがよ

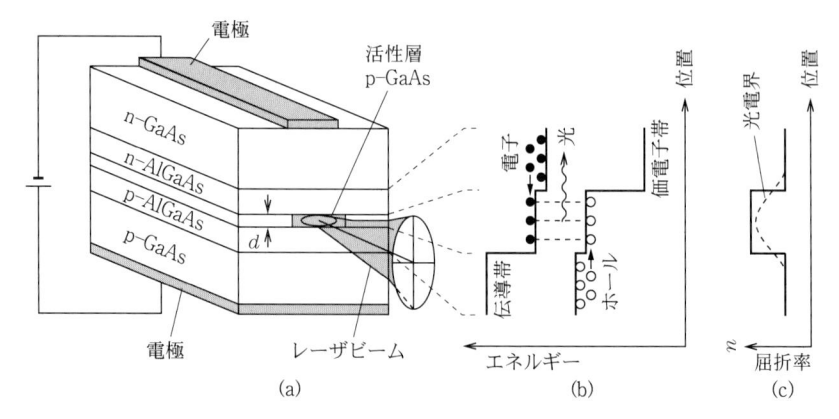

図 9.2 二重ヘテロ接合半導体レーザの基本構造
(a) 構造 (b) エネルギー準位 (c) 屈折率分布

§9.1 半導体レーザの発振原理と構造

くなり，高い光パワ密度を保ちながら共振器中を往復することが可能となること。レーザ発振を得る上で，特徴①は増幅作用に，②は主に正帰還に寄与している。

二重ヘテロ接合を GaAs 系を例にとって説明する。GaAlAs 半導体レーザでは，活性層は p 形 GaAs で構成され，その両側は GaAs 層より禁制帯幅の広い p 形および n 形 $Al_xGa_{1-x}As$ でできており，基板 (substrate) 部は n 形 GaAs である。二重ヘテロ接合に順バイアスで電圧を印加してキャリアを注入する。図 9.2(b) に示すように，n 形 $Al_xGa_{1-x}As$ 層から注入された電子と p 形 $Al_xGa_{1-x}As$ 層から注入されたホールが，ポテンシャル差により，幅 d の狭い活性層に閉じ込められやすくなる。よって二重ヘテロ接合では，電子とホールとの再結合がホモ接合よりも生じやすく，したがって発光しやすくなる。また，AlGaAs 層での禁制帯幅の方が広いので，GaAs 層で発生した光が吸収されることなく，外部に取り出されるため，室温でレーザ発振するようになった。

二重ヘテロ接合に流し込む電流密度 J と活性層に蓄えられるキャリア密度 δn の間には，定常状態で

$$J = \frac{ed\,\delta n}{\tau_{sp}} \tag{9.4}$$

の関係がある。ここで，e は電気素量，また τ_{sp} はキャリアの再結合時間で，これはキャリア密度や不純物濃度などにも依存するが，数 ns のオーダである。したがって，活性層幅 d を狭くして，反転分布を得るための電流値を小さくできる。つまり，活性層幅が制御可能となった。

二重ヘテロ接合での屈折率に着目すると，図 9.2(c) に示すように，禁制帯幅の狭い GaAs の方が $Al_xGa_{1-x}As$ よりも屈折率が数 % 高いため，活性層は光電界に対する導波層となっている。よって，電子とホールとの再結合により発生した光が散逸することなく，活性層内に効率よく閉じ込められる。発振モードが最もきれいな形である最低次モードになるためには，GaAs で波長を $\lambda = 0.85\,\mu m$，屈折率を $n_0 = 3.5$，活性層とクラッド層の比屈折率差を $\Delta = 0.03$ とするとき，活性層幅 d を約 $0.5\,\mu m$ 以下に設定する必要がある。

二重ヘテロ接合では，キャリアと光の閉じ込めが同時に行われているのが特徴であり，これらの特徴が発振しきい値電流の低下や量子効率の増大など，動作上の性能向上をもたらしている。

【数値例】 しきい値におけるキャリア密度を $\delta n=2\times10^{18}$ cm^{-3},キャリアの再結合時間を $\tau_{sp}=5$ ns,活性層幅を $d=0.1$ μm とすれば,しきい値電流密度は約 600 A/cm^2 となり,レーザは室温でも十分発振するようになる。電極の大きさとして 300 μm×10 μm を想定すれば,上記電流密度は約 20 mA のしきい値電流に相当する。

(3) モード制御

半導体レーザのモードは,共振モード,つまり縦モードと,断面内の横モードに分けられる。縦モードは後述するスペクトル特性に密接に関係する。横モードパターンは光源と光ファイバの結合などで重要となる。

縦モードは正帰還を行うための共振器構造に依存する。正帰還を行うためには,一組の高反射率反射鏡を用いた共振器が使用されることが多い。しかし,半導体材料の屈折率 n_0 が高く(たとえば,GaAs では $n_0=3.5$),半導体のヘキ開面(結晶で自然に割れやすい面)自身の強度反射率 $R(=\{(n_0-1)/(n_0+1)\}^2)$ が 30% 程度と比較的高いため,共振器として半導体のヘキ開面自身を使用して,縦方向の光の閉じ込めを行っている。後述するように,半導体の利得が大きいため,特別の反射鏡を準備しなくても,ヘキ開面で共振器を構成してレーザ発振が得られる。したがって,縦モードは半導体レーザの媒質長に依存する。

横モードとは,共振器の軸に垂直な面内の電界分布で形成されるパターンである。半導体レーザの横モードパターンのうち,電流を流す方向の光の閉じ込めは二重ヘテロ接合で自動的に行われている。一方,これに垂直な方向のモードパターン制御は,一般に電極を幅の狭いストライプ構造にして,電流の流れる領域を意図的に狭くすることで行っている。ストライプ構造は製造各社により様々な構造が提案されているが,代表的なものは図 9.2(a) に示す**埋め込み構造**である。この構造では GaAs の周りはすべて Al$_x$Ga$_{1-x}$As で囲まれているため,方形の光導波路が構成されており,モードパターンを完全に制御することができる。横モードは図示するように,レーザ出射直後は活性層に沿った方向の長い楕円形状が一般的であり,出射後は回折により活性層に垂直な方向に長い楕円ビームとなる。また,埋め込み構造では発振しきい値の低いレーザが得られるという利点もある。

§9.2 半導体レーザの特性と特徴

（1） 注入電流-光出力特性

図9.3に注入電流-光出力特性を示す。注入電流があるしきい値I_{th}を超すと，光出力が急激に増加するのが特徴的である。電流がしきい値I_{th}より小さいときでも，微弱ながらも光出力があるのは自然放出光の影響である。自然放出光は外部条件によらず，電子が上の準位から下の準位に緩和して遷移するとき，あらゆる方向に光を放出するものである。したがって，注入電流が少ないときでも，自然放出光による発光が見られる。

一方，注入電流がしきい値I_{th}を超すと，伝導帯に蓄えられていた電子と，価電子帯に蓄えられていたホールが一気に再結合して，誘導放出が生じる。その結果，レーザ発振し，光出力が急増する。光出力はI_{th}以上ではほぼ直線的に増加する。I_{th}以上におけるこの特性の傾きは，微分量子効率（注入電子数の増加に対する増加光子数の比）に比例する。

半導体のヘキ開面を反射鏡（共振器）として用い，誘導放出を利用するものが半導体レーザである。これは**レーザダイオード**（LD：laser diode）とも呼称され，LDと略記されることも多い。これに対して，光共振器を用いずに，自然放出光のみを利用するものを**発光ダイオード**（LED：light emitting diode）という。LEDは安価な光源として，表示素子などに利用されている。

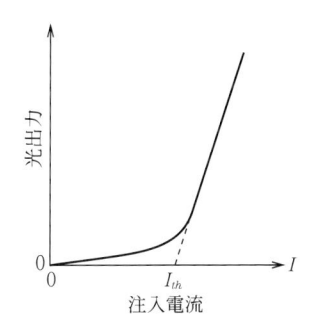

図9.3 半導体レーザの注入電流-光出力（I-L）特性

（2） スペクトル特性

半導体レーザでは比較的容易に数百cm^{-1}の高い飽和利得係数（誘導放出による単位長さ当たりの光エネルギーの増加割合）が得られる。光パワーに対するしきい値利得係数は，式(8.5)より

$$g_{th} = \alpha + \frac{1}{2L}\ln\left(\frac{1}{R_1 R_2}\right) \tag{9.5}$$

で得られる。ただし，R_1とR_2は共振器を形成する反射鏡の強度反射率，αは媒質中の単位長さ当たりの光損失係数，Lは共振器長，lnは自然対数である。媒質中の損失を無視した場合，強度反射率として30％を用いても，$g_{th}=100$

cm^{-1} とすれば共振器長は 100 μm のオーダとなり, 半導体を用いると超小型レーザが可能となる.

レーザの縦モードスペクトルは, 前章で述べたように, レーザを形成している増幅媒質の利得スペクトルと, 共振器構造から決まる共振モードの両者により決定される. 半導体レーザでは上述のように高利得が得られるため, 利得スペクトル幅が非常に広くなる. したがって, 利得スペクトル幅内にある共振モードが発振しやすくなり, 多モード発振となる傾向が強い (図 8.5(b) 参照).

ファブリ・ペロー構造のレーザで, 共振器長を L, 活性媒質の屈折率を n_0, 使用波長を λ とすると, 縦モード間隔は

$$\Delta\lambda = \frac{\lambda^2}{2n_0 L} \tag{9.6}$$

で得られる. GaAlAs 半導体レーザで $L=300$ μm, $n_0=3.5$, $\lambda=0.85$ μm とすると, $\Delta\lambda=0.34$ nm が得られる. このような比較的大きな縦モード間隔となるのは, 半導体レーザの共振器長が 100 μm オーダと, 他のレーザに比べて極端に短いためである.

直流動作時に単一縦モードであったとしても, 光通信における高速変調時には多モード状態となることがある. その理由は, 各縦モードについて損失差が少なく, 利得のわずかな変動によって発振モードが時間的に変化したり, 複数モードが同時に発振するためである. 半導体レーザ使用時には, 高速に変調するのが常である. したがって, 高速変調時にも単一縦モードとすることが求められる.

半導体レーザでは, 高利得ゆえ単一縦モード発振が得にくい. そこで, 次章で紹介するように, 単一縦モード化に向けて様々な工夫がなされている. このように半導体レーザの高利得という性質は, 共振器長を極度に短くして小型化に寄与しているが, スペクトル特性からは扱いにくい面をもっている.

(3) 変調特性

半導体レーザを通信に用いるとき, 注入電流を時間的に変化させることにより, 変調を行う. 高速に変調するには, 変調をかけたときの光出力の周波数応答 (frequency response) 特性が重要になる. 安定な単一縦モード発振が得られている場合, 光強度の時間応答は, レーザ波長での光子数と反転分布している電子数の時間変化を記述するレート方程式を解いて求められる.

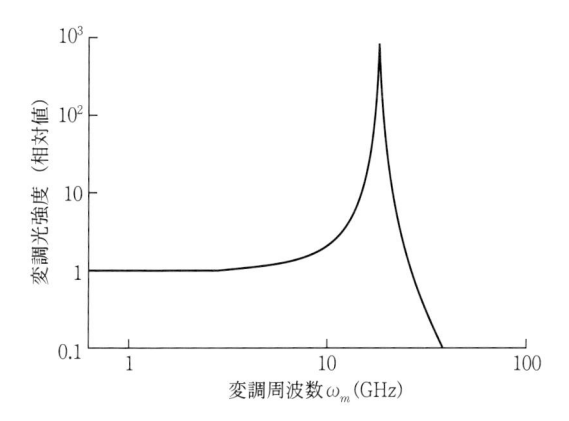

図 9.4 半導体レーザの直接変調における周波数応答特性
(左貝, 杉村:『光エレクトロニクス』, 朝倉書店 (1993), p.146, 図 6.4.7)
$J_s/J_{th}=2$ の場合, $\tau_{sp}=3$ ns, $\tau_{ph}=1$ ps

　活性層厚 d の半導体レーザで, バイアス電流 J_s をしきい値電流 J_{th} 以上の一定値に固定して, 変調周波数 ω_m, 微小振幅電流 $J_m (J_m \ll J_s)$ で変調をかける. このとき, 光子数の変調成分 u_m は次式で求められる.

$$|u_m|^2 = \frac{(J_r-1)^2 J_m^2/\tau_{sp}^2}{\{\omega_m^2-(J_r-1)/(\tau_{sp}\tau_{ph})\}^2+J_r^2(J_r-1)/(\tau_{sp}^3\tau_{ph})} \tag{9.7}$$

ここで, $J_r \equiv J_s/J_{th}$ はバイアス電流のしきい値電流に対する相対値である. また, τ_{sp} はキャリア寿命で, 数 ns のオーダである. 光子寿命 τ_{ph} は共振器からの光の減衰時間で, 数 ps のオーダである.

　図 9.4 に半導体レーザにおける周波数応答の典型例を示す. 周波数応答は共鳴ピークをもつのが特徴的である. この共鳴は, 反転分布と光子数の変化の間に時間的なずれがあるために生じており, その共鳴角周波数 $\omega_{\rm rel}$ は近似的に

$$\omega_{\rm rel} \fallingdotseq \sqrt{\frac{J_r-1}{\tau_{sp}\tau_{ph}}} \tag{9.8}$$

で表される. バイアス電流にも依存するが, 半導体レーザの直接変調では数十 GHz 程度まで応答可能である.

(4) 半導体レーザの特徴

　以上述べてきたことから特徴をまとめると, 次のようになる.

① 小型・軽量：　高い利得係数のために共振器長が極度に短くできる.

② 直接変調が可能： pn接合に電流を注入してレーザ発振させているため，電流を変化させることにより変調が可能となる。
③ 低電圧動作： 二重ヘテロ接合の採用により活性層幅が狭くできるため，低い電流密度すなわち低電圧動作が可能となる。
④ 微分量子効率が大： 少ない電流変化で大きな振幅変調が可能。
⑤ モノリシック集積化が可能： 電子回路部品は半導体で作製されることが多いので，同じ基板上にレーザと他の機能素子が作製可能となり，作製工程の省力化につながる。

§9.3 光通信用半導体レーザ

光通信用半導体レーザとして，搬送波発生と変調を同時に行う通信用光源と，光増幅器用励起光源がある。この節では通信用光源を主に説明し，光増幅器用励起光源は第11章で扱う。

（1） 通信用光源としての要求条件
用途を光通信に限定して，光ファイバ特性との関連に着目して列挙する。

① 狭スペクトル幅： 色分散によるパルス広がりが光源のスペクトル幅に比例するので，伝送帯域を広げるためには，スペクトル幅を狭くする必要がある。単一縦モードが高速変調時にも満たされることが望ましい。
② 高光出力： 中継間隔を延ばすためには，ファイバ内入力を高める必要がある。
③ 広帯域変調特性： 信号を高い符号伝送速度で送るには，直接変調が高周波まで可能なことが望まれる。
④ 低い発振しきい値電流密度： 駆動回路が安価になり，低消費電力につながる。
⑤ 限定された波長域： 発振波長が，石英系光ファイバの低損失帯（1.55 μm）や低分散帯（1.3 μm）に一致することが必要である。光増幅器の励起用光源として使用するときは，光増幅器の吸収帯に一致した発振波長が必要となる。

その他，一般の電子部品等と共通な条件として，高信頼性や安定性が必要で

ある.特に海底通信用では,故障すると海底からの引き上げ作業で修理費が莫大な金額となるので,寿命は重要な評価項目となる.

(2) 通信光源用レーザ

レーザ発振用には直接遷移形であることがまず必要である.また,禁制帯幅を光ファイバの低損失帯 (1.55 μm) や低分散帯 (1.3 μm) に合致させるには,禁制帯幅を制御できることも必要である.よって,レーザ材料として化合物半導体が不可欠となる.さらに,二重ヘテロ接合の界面で転位(原子配列が乱れている境界部分)をなくすためには,2種類の化合物半導体で格子定数を整合させる必要がある.このことを**格子整合**という.

半導体材料の禁制帯幅 E_g と発光波長 λ の間には

$$\lambda\,[\mu\mathrm{m}] = \frac{1.24}{E_g[\mathrm{eV}]} \tag{9.9}$$

なる関係がある.光通信に使用可能な波長帯での材料例を図9.5に示す.近赤外波長域ではⅢ-Ⅴ族半導体が主に用いられる.禁制帯幅制御と格子整合を実現するため,3元および4元混晶が使用される.代表例は $Ga_{1-x}Al_xAs$ (0.58~0.87 μm),$Ga_xIn_{1-x}As_yP_{1-y}$ (0.56~3.4 μm),$Ga_{1-x}Al_xAs_ySb_{1-y}$ (0.56~1.77 μm) などである.

短波長帯の 0.8~0.9 μm で使用される GaAlAs 半導体レーザは,§9.1 などで既に説明してきたので,ここでは説明を省略する.

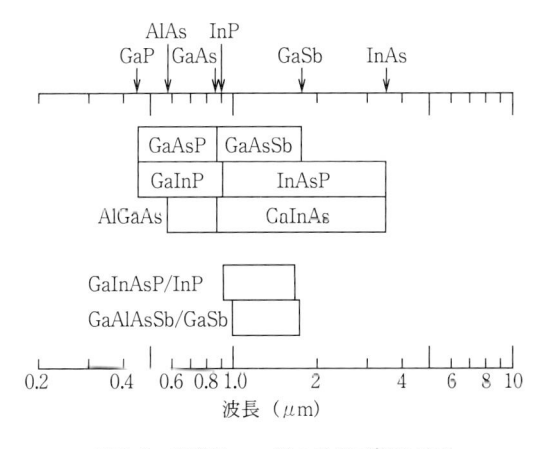

図 9.5 半導体レーザの発振可能波長域

光通信で使用される波長帯 1.3~1.6 μm では，発生した光を吸収することがない InP が基板として用いられる。$Ga_xIn_{1-x}As_yP_{1-y}$ を InP 基板上で成長させると，x と y の値に応じて，波長 0.92~1.65 μm で発光し，かつ格子整合のとれた半導体レーザが作製できる。そこで，1.3 μm と 1.55 μm のいずれの波長帯においても，p 形 GaInAsP を活性層とし，その両側を p 形および n 形 InP で挟んだ二重ヘテロ接合で，n 形 InP を基板とした GaInAsP/InP 半導体レーザが用いられる。GaInAsP/InP 半導体レーザは，光ファイバ増幅器用励起光源の 1.48 μm 帯用としても開発されている。

通信用半導体レーザの光出力は数 mW 程度，スペクトル幅はしきい値以上で数 nm 程度である。

【演習問題】

9.1 半導体レーザにおける二重ヘテロ接合について次の問いに答えよ。
  ① 二重ヘテロ接合の意義を説明せよ。
  ② 二重ヘテロ接合を作製する際，接合部両側の材料を選択する上での留意点を述べよ。
9.2 半導体レーザ（LD）と発光ダイオード（LED）について，構造上および特性上の違いを説明せよ。
9.3 1.55 μm で発振する半導体レーザ（活性層の屈折率 $n_0=3.5$）について次の問いに答えよ。
  ① 活性層とクラッド層の比屈折率差を $\Delta=0.03$ とするとき，光電界で単一モード条件を満たす活性層幅 d を求めよ。
  ② 禁制帯幅が何 eV の材料が必要か。
  ③ 共振器長 $L=300$ μm のファブリ・ペロー形で利得スペクトル幅が 10 nm のとき，何本の縦モードが立つか。ただし，共振器損失を無視せよ。
9.4 半導体レーザでは縦モードを単一化するのが難しい理由を説明せよ。
9.5 通信用半導体レーザに要求される条件を列挙せよ。
9.6 レーザの特徴のひとつはコヒーレンスに優れていることである。光ファイバ通信光源として半導体レーザが用いられているが，光通信にコヒーレンス特性が生かされているか否かを考えよ。生かされているとすれば，どのような面か指摘せよ。

第10章

半導体レーザの高性能化

　光ファイバ通信で多くの情報を送るためには，パルス広がりを小さくすることが必要である．そのために通信用光源として求められる特性は，スペクトル幅が狭いということ，具体的には縦モードの単一化である．通信用光源として用いられる通常の半導体レーザは利得が大きく，かつ利得スペクトル幅が広いために，直流動作時に単一縦モードで動作していても，高速変調時には利得が変動して多モード動作となることがある．レーザの発振周波数は，共振器特性と活性媒質の利得特性で決定されるから，いずれかの特性を制御することにより，発振スペクトル幅を減じることができる．

　本章では，共振器構造の変化で半導体レーザのスペクトル幅を減少させる試みとして，分布帰還形レーザや分布反射形レーザなどを紹介する．また，活性媒質の利得スペクトル幅を減少させる方向からのアプローチとして，量子井戸レーザやひずみ量子井戸レーザを紹介する．量子井戸構造を利用すると，スペクトル幅の低減以外に，発振しきい値電流密度の低下，発振波長範囲の拡大などの利点をもたらす．本章では，半導体レーザの高性能化に向けた動きを説明する．

§10.1　分布帰還形（DFB）レーザと分布反射形（DBR）レーザ

　半導体レーザでの発振縦モード数を減少させるため，分布反射構造による波長選択性が利用される．図10.1に示すように，分布反射構造が活性層内に設置されたものが分布帰還形（DFB）レーザ，活性層の外側に設置されたものが分布反射形（DBR）レーザである．DFB構造の中央に位相シフト領域を付加した$\lambda/4$位相シフトDFB構造もある．

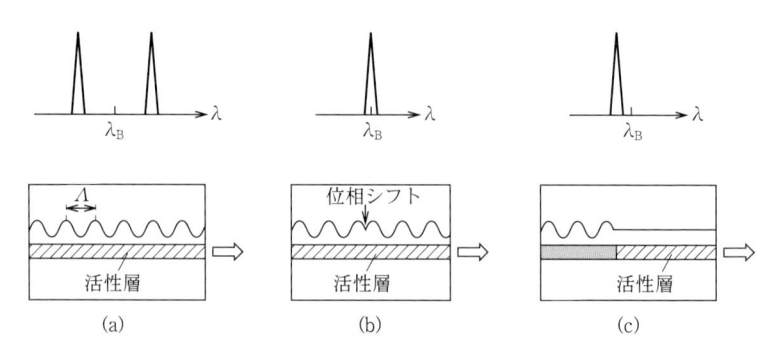

図 10.1 縦モード制御用各種構造とスペクトル分布概略
(a) 分布帰還形　(b) $\lambda/4$ 位相シフト　(c) 分布反射形

（1） 分布帰還形（DFB）レーザの構造と特性

　発振モードの波長選択性を得るために，図 10.1(a) に示すように，活性層の近傍で光の伝搬方向（z 軸）に沿って凹凸構造を設け，活性層内の屈折率に空間的な周期性をもたせたのが**分布帰還**（DFB：distributed feedback）**構造**である。DFB 構造では，素子全体に電流が注入されることにより，屈折率変化も全体で均一となるので，発振モードの安定性が高くなる。

　DFB 構造では，活性層内で左右へ伝搬する波動が結合することによりブラッグ反射が生じ，特定波長の光のみが一方向へ伝搬するようになる。凹凸の周期構造により，屈折率が基本周期 Λ で空間的に変動し，その屈折率分布が

$$n(z) = n_0 + n_p \cos(2\beta_B z) \tag{10.1}$$

で表せる。ここで，n_0 は平均屈折率，n_p は屈折率変動の振幅であり，β_B は回折条件から決まる値である。

　上記の周期的な屈折率変動は，活性層内で左右へ伝搬する波動を空間変調することに相当する。右（または左）へ伝搬する波動の伝搬定数を β（または $-\beta$）で表すと，各々は周期構造の影響で $\beta_1 = \beta \pm 2\beta_B$，$\beta_2 = -\beta \pm 2\beta_B$ と変化することになる。変化後の伝搬定数 β_1 と β_2 が他の波動のそれと一致するときに結合が生じる。つまり，屈折率の空間変動周波数が $2\beta_B$ のとき，$\beta = \beta_B$ ならば，左右へ進行する波動が強く結合し，その結果，反射が生じる。このような現象を**ブラッグ反射**（Bragg reflection）といい，これが生じるときの光周波数をブラッグ周波数 ω_B，波長をブラッグ波長 λ_B という。ブラッグの回折条件は次式で得られる。

$$\Lambda = \frac{p\pi}{\beta_{\rm B}} = \frac{p\pi c}{n_0\omega_{\rm B}} = \frac{p\lambda_{\rm B}}{2n_0} \tag{10.2}$$

ここで，p は回折次数，c は真空中の光速である。

　DFB 構造での共振条件を考察する。ここで，右進行波の伝搬定数 β がブラッグ波数 $\beta_{\rm B}$ からわずかに離調しており，その離調値を $D = \beta - \beta_{\rm B}$ で表す。ブラッグ周波数では複素反射率が純虚数となるため，光が右（左）進行から左（右）進行に方向を変えるときは，いずれも波動の位相が $\pi/2$（1/4 波長）ずれる。反射による位相ずれがブラッグ周波数近傍でも，同じ $\pi/2$ で近似できるとする。共振条件は，共振器中を一往復したときの波動の位相変化を計算することにより求められ，

$$\beta L + \frac{\pi}{2} + (\beta - 2\beta_{\rm B})L + \frac{\pi}{2} = 2DL + \pi \tag{10.3}$$

となる。式(10.3)の右辺の値は，$\pm 2DL = (2m+1)\pi$（m：整数）に対して，正の D の場合には $2\pi(m+1)$，負の D の場合には $-2\pi m$ となり，位相変化がいずれも 2π の整数倍となる。このことは，DFB 構造のブラッグ周波数近傍では，離調の絶対値が同じで符号が逆となる 2 つの周波数で，同時に発振可能なことを示している。

　利得も考慮した詳しい理論によると，DFB 構造では，縦モード毎にしきい値利得係数が異なり，最低の利得係数を示すモードが 2 つある。既述のように，利得が損失を上回ったときにレーザ発振する。上記 2 モードは，式(10.3)に関連して考察したように，$D=0$ に対応するブラッグ周波数に関して対称位置の周波数に存在している。そのため，DFB 構造では縦モード数をファブリ・ペロー構造に比べて極度に減らせるが，2 モード発振になる傾向がある（図 10.1(a) 参照）。

（2） λ/4 位相シフト DFB 構造

　ブラッグ周波数で共振条件を満たし，かつ単一縦モード発振させることを目的として，図 10.1(b) に示すように，DFB 構造の凹凸周期構造で中央部だけを発振波長の 1/4 波長分長くした，**λ/4 位相シフト DFB 構造**が提案された。

　この構造がブラッグ周波数で共振条件を満たすことは，次のようにして説明できる。既述のように，ブラッグ周波数では光が右（左）進行から左（右）進行に方向を変えるときは，いずれも位相が $\pi/2$（1/4 波長）ずれる。光が共振

器を一往復するときの位相変化を計算すると，2回の反射により位相が半波長分ずれ，中央の位相シフト部を2回通過することでさらに半波長分ずれる。これは式(10.3)の両辺で位相がさらにπだけ加算されることを意味する。したがって，$\lambda/4$位相シフトDFB構造では，$D=0$，すなわち，ブラッグ周波数において厳密に共振条件を満たす。

利得を考慮に入れても，最もしきい値利得係数の小さいモード，つまり発振モードがブラッグ波長λ_B（$D=0$）において1本だけ得られることが確認できる（図10.1(b)参照）。この方法は単一縦モード発振を安定に得る方法としてよく用いられている。

（3） 分布反射形（DBR）レーザの構造

分布ブラッグ反射（DBR：distributed Bragg reflector）構造を図10.1(c)に示す。DBRでは，凹凸構造（回折格子）を光の伝搬方向に沿った，活性領域の両側または片側に設けて，波長選択性をもたせている。DBRでは，共振条件を満たすモードのうち，ブラッグ波長に最も近い波長で単一の縦モード発振する。

DBRを活性領域と同じ材料で作製すると吸収が多くなり，高い反射率が得られない。そこで，DBRは活性領域とは異なる材料で作製される。DBR構造では，この部分の屈折率をキャリア注入により変化させることを通じて，発振波長を変えることができるので，波長可変光源としても用いられる。

§10.2　量子井戸レーザ

通常の半導体レーザで利得スペクトル幅が広いのは，光増幅の源泉となっているキャリアが結晶中を自由に移動できるために，幅広い範囲の運動エネルギーを有するためである。したがって，スペクトル幅を減少させるためには，キャリアの移動に制限を加えればよい。結晶中でのキャリア移動に制限を課す方法として，量子構造が使用されている。

（1）　量子井戸構造

半導体の厚さを電子の波長程度まで薄くすると，電子は境界の影響で移動制限を受けて，バルク（3次元的広がりをもった塊状の状態）が本来もっている

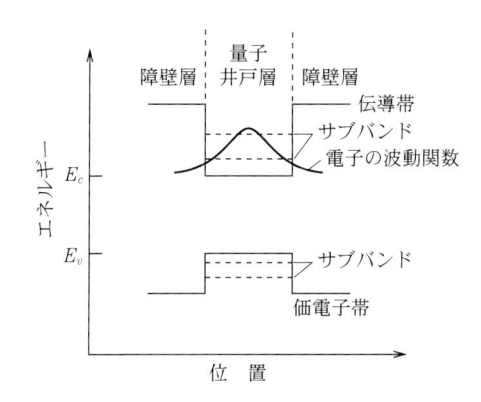

図10.2 量子井戸構造でのエネルギー分布と電子の波動関数概略

ものと異なる性質を示すようになる。

その基本構造は，図10.2に示すように，禁制帯幅（バンドギャップ）の小さな結晶薄膜（井戸層）の両側を禁制帯幅の大きな薄膜（障壁層：barrier layer）ではさみ込むものであり，これを**量子井戸**（QW：quantum well）**構造**と呼ぶ。量子井戸構造は，エネルギーと屈折率とを対応させると，既に述べた光導波路と類似の構造とみなせる。すなわち，電子の波動関数は井戸層から障壁層へはみ出し，また，半導体中でのバンド構造が離散的なサブバンドを形成するようになる。このサブバンド化が新たな特徴を生み出す。

禁制帯幅の異なる半導体を多層に積み重ねて**超格子構造**を作ると，同様にして，母結晶でのバンドがサブバンド化される。量子井戸層が複数あるものを**多重量子井戸**（MQW：multiple QW）という。超格子と多重量子井戸はほとんど同義に用いられている。

量子井戸構造を有するレーザを**量子井戸レーザ**という。活性層幅を数十nm以下にした量子井戸構造は，半導体レーザの特性改善に積極的に利用されている。量子井戸レーザ光出力の方向は，通常，量子井戸層の方向と平行である。

（2）　量子井戸構造でのエネルギー準位と状態密度

半導体ではエネルギーがバンド構造をしているため，単位エネルギー当たりの状態数，すなわち状態密度が反転分布などの各種特性にとって重要となる。

ところで，半導体の伝導帯や価電子帯での電子状態は，電子やホール（正孔）に対するシュレーディンガー方程式で近似的に解析できる。量子井戸中の

伝導電子の波動関数 ψ_c は，1次元のシュレーディンガー方程式

$$-\frac{\hbar^2}{2m_c}\frac{d^2\psi_c}{dz^2}+V\psi_c=E\psi_c \tag{10.4}$$

で記述できる。ただし，m_c は伝導電子の有効質量，E はその状態のエネルギー固有値である。また，ポテンシャル V は幅 d，深さ V_0 の井戸型ポテンシャルであり，次の式で表せる。

$$V=\begin{cases} 0 & :|z|\leq d/2 \\ V_0 & :|z|>d/2 \end{cases} \tag{10.5}$$

数個程度のサブバンドが存在する量子井戸構造では，量子井戸に垂直な方向の運動が制限されるが，面内では自由運動をする。したがって，量子井戸構造での電子の全エネルギー $E^{(2)}$ は，自由運動エネルギー分も考慮に入れて

$$E^{(2)}=\frac{\hbar^2}{2m_c}\left(\frac{\pi}{d}\right)^2 q^2+\frac{\hbar^2}{2m_c}k^2 \tag{10.6}$$

となる。ただし，q は量子状態の次数，k は電子波の波数であり，添字(2)は2次元であることを意味している。

単位エネルギー当たりの状態密度を $\rho_c^{(2)}=\delta N/(S\,\delta E)$（$\delta N$：状態数変化分，$S$：自由運動の面積，$\delta E$：エネルギー変化分）で定義すると，量子井戸構造の状態密度は

$$\rho_c^{(2)}=\sum_{q=1}\frac{m_c}{\pi\hbar^2}\theta\left(E-\frac{\hbar^2}{2m_c}\left(\frac{\pi}{d}\right)^2 q^2\right) \tag{10.7}$$

で書ける。ただし，$\theta(E)$ は，E が正のときに1，負のときに零となる階段関数である。2次元量子井戸構造の特徴は，このように状態密度が階段状に変化することである。したがって，バンド端より高エネルギーの光に対して，階段状の吸収スペクトルを示す。

GaAs系量子井戸構造ではGaAs量子井戸（$d\approx 10\,\mathrm{nm}$）をAlGaAsの障壁（$V_0\approx 400\,\mathrm{meV}$）ではさんでいる。

(3) **量子井戸化の利点**

① 発振しきい値電流の低減： 活性層を微細化すると，状態密度の広がりが小さくなり，増幅スペクトルが狭く鋭くなる。その結果，利得係数が高くなり，発振しきい値電流が大幅に低減される。

② 発振波長の制御： 量子井戸厚を変えることで，レーザ発振波長をある程度制御できる。

③ 変調帯域の増加： 微分利得が増大するので，動作域によっては変調帯域が増加する。
④ 増幅スペクトル幅の狭窄化： 微分利得が増加すると，線幅増大係数（α パラメータ）が低減化されて，スペクトル幅が狭くなる可能性がある。因みに，α パラメータとは，半導体内におけるキャリア密度の揺らぎに起因した AM-FM 変換により，スペクトル幅が古典論による値よりも $(1+\alpha^2)$ 倍に増加するというものである。

§10.3　ひずみ量子井戸レーザ

（1）　ひずみ量子井戸構造

　量子井戸構造など異種の半導体を接合するときには，通常，ひずみが生じないようにその界面で格子定数を合わせる。格子不整合が小さなとき，格子が弾性変形して，ひずみエネルギーを吸収する。しかし，格子定数差がさらに大きくなると，ある境界面で原子配列が著しく乱れる。これをミスフィット転位という。この転位の発生は，格子不整合と結晶成長させた膜厚の関数であり，ある膜厚までは転位を発生せず，この膜厚を**臨界膜厚**（critical layer thickness）という。

　量子井戸構造で井戸層と障壁層で格子定数が異なる構造を用いると，膜厚が非常に薄いために臨界膜厚以下にでき，転位が発生しにくい（図 10.3 参照）。意図的に大きな格子不整合を導入してひずみを生じさせ，そのエネルギーでバンド構造，特に価電子帯のバンド構造を人工的に制御することをバンドエンジニアリングという。井戸層と障壁層の格子定数を異ならせた量子井戸構造を**ひずみ量子井戸構造**または**ひずみ超格子**という。

　3種類の原子を用いた半導体である3元材料では，発振波長（禁制帯幅）を設定すると，ひずみ量と井戸幅が自動的に決まってしまう。そこ

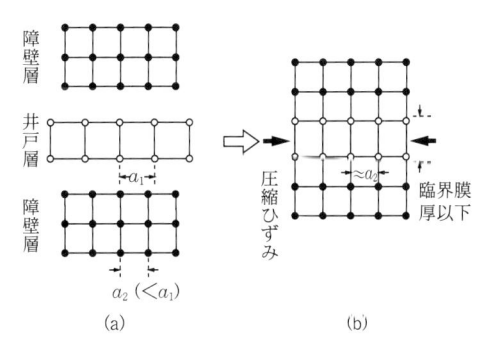

図 10.3　ひずみ量子井戸構造の概念図
　（a）各層が個別の場合　（b）ひずみ量子井戸

で，ひずみ量子井戸レーザでは，発振波長と格子定数を独立に変化させるため，4元材料がよく利用される。

（2） ひずみ量子井戸レーザの利点

① 発振波長範囲の拡大： バルクの場合と異なり，ひずみ量子井戸構造では格子整合する必要がないので，量子井戸層の材料が基板の格子定数とかなり異なっていてもよい。したがって，バルクより広い波長範囲のレーザを発振させることができる。たとえば，バルクの場合，GaAlAs の発振波長は $0.58 \sim 0.87 \, \mu m$，GaInAs の発振波長は $1.2 \sim 1.65 \, \mu m$ であり，この間の波長の半導体レーザを発振させることができなかった。GaAs 基板上の GaInAs 井戸層でひずみ量子井戸構造を用いることにより，エルビウム添加光ファイバ増幅器（EDFA）の励起用光源である $0.98 \, \mu m$ 半導体レーザが作製できるようになった。

② 発振しきい値電流の低下： 圧縮ひずみがある場合，価電子帯のバンド構造は理想的な放物形に近づく。その結果，価電子帯の状態密度がかなり小さくなり，発振しきい値電流密度が低下する。引張ひずみでも，発振しきい値電流密度が低下する。このように，バンド構造の変化によるレーザ特性の向上をもたらす。

【演習問題】

10.1 次の場合についてブラッグの回折条件を満たす周期 Λ を求めよ。
① GaAlAs-DFB レーザを波長 $0.85 \, \mu m$ で回折次数 3 のもとで使用する。ただし，平均屈折率を $n_0 = 3.5$ とせよ。
② GaInAsP-DFB レーザを波長 $1.55 \, \mu m$ で回折次数 1 のもとで使用する。ただし，平均屈折率を $n_0 = 3.5$ とせよ。

10.2 半導体レーザでスペクトル幅を狭くするために，各種構造が考案されている。各種構造をスペクトル幅の決定要因との関連において整理し，説明せよ。

10.3 分布帰還形半導体レーザの原理と，その縦モード特性との関連を定性的に説明せよ。

10.4 量子井戸レーザで得られる特性を，原理との関連において説明せよ。

第 11 章

光増幅器

　光通信では，光ファイバを伝搬中に光が減衰し，受信端では光検出器の感度限界に近い微弱光になっている．光電変換を行うことなく，信号光強度を光レベルで直接増幅できると，中継器が簡単な構造になったり，検出感度を向上でき，より長距離の光通信が可能になる．光直接増幅できるものを光増幅器という．

　光増幅器を使用した場合，信号光強度を増幅できるが，光電変換した場合のように，分散による光パルス広がりは補償できない．したがって，光増幅器だけで光通信システムを構成することはできず，何回か光増幅器で光直接増幅した後に光電変換をし（第13章参照），波形の再生を行うことが必要になる．

　本章では，光増幅器の原理を簡単に説明する．その後，応用上重要な希土類添加光ファイバ増幅器と，半導体レーザとほぼ同じ構造をもつ半導体光増幅器の構成，利得・雑音を中心とした特性などを，両者を比較しながら説明する．最後に，光増幅器の光通信システムにおける意義にふれる．

§11.1　光増幅器の原理

　第8章で詳細に説明したように，光の増幅を行うには，何らかの手段により，下準位よりも上準位に多くの電子が分布するという反転分布を媒質中で実現しておく必要がある．反転分布が実現された媒質に外部から光を入射させると，誘導放出により，外部光に誘導される形で，上準位にある電子が下準位に遷移し，この遷移に伴い新しい光を放出する．反転分布状態で誘導放出が生じると，入射光子数よりも出射光子数が多くなる．その結果，光増幅つまり利得を生じるのである．

　光増幅器（optical amplifier）は，既述のレーザ構造において光の共振器部

分を除去して，増幅過程のみを利用するものである．光の増幅過程では誘導放出が不可欠であるが，これに加えて，外部状態とは無関係に，電子が上準位から下準位に一定の割合で緩和することにより発生する自然放出光も伴うため，光増幅器ではこれが雑音源となる．光増幅器にとって重要な性質は，利得飽和特性や雑音特性などである．

光増幅器としては，希土類添加光ファイバ増幅器と半導体光増幅器が開発されている．特に，エルビウム添加光ファイバ増幅器は利得・雑音特性ともに優れているため，光ファイバ通信用にはこれが使用されている．以下では，希土類添加光ファイバ増幅器，半導体光増幅器の順に説明する．

§11.2 希土類添加光ファイバ増幅器

ガラスレーザでも実現されているように，希土類元素（Er, Nd, Pr など）はガラスに添加することができ，媒質中に離散的な準位が形成される．このガラスファイバを別の光源で励起すると，電子の上準位から下準位への誘導遷移に伴って，光が増幅される．こうして，長さ可変の光ファイバ増幅器が作製可能となる．図 11.1 に示すように，1 本の単一モード光ファイバ中を，信号光と励起用レーザ光を同一方向に伝搬させることにより，進行波形の高効率光増幅器が実現できる．

現在，主に検討されているのは，光ファイバの低損失波長域に相当する $1.55\,\mu\mathrm{m}$ 帯用のエルビウム（Er^{3+}）添加石英ファイバと，低分散波長域に相当する $1.32\,\mu\mathrm{m}$ 用のネオジウム（Nd^{3+}）添加ガラスファイバである．

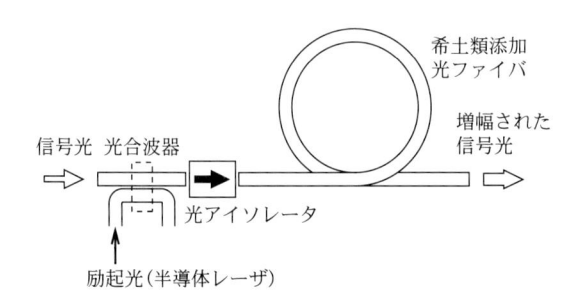

図 11.1 希土類添加光ファイバ増幅器の構成

（1） エルビウム添加光ファイバ増幅器（EDFA）

1.55 μm 帯用では，光ファイバと同じ石英系材料のコアに，屈折率形成剤材料である GeO_2 に加えて $Er_2O_3(Er^{3+})$ が添加されており，Er^{3+} の離散的準位が光増幅に利用される．レーザと同じように，外部からエネルギーを与えたとき，電子が上準位から下準位に遷移する際に，新しい光を発生し，入射光が増幅される．このような増幅器を**エルビウム添加光ファイバ増幅器**（EDFA：erbium-doped fiber amplifier）といい，EDFA と略記されることが多い．EDFA は高利得・低雑音の光増幅器として使用されている．

エルビウムイオン Er^{3+} のエネルギー準位を図 11.2 に示す．エルビウムでは遷移に関与する下準位は基底状態であり，室温では 3 準位系になっている．そのため，反転分布が得にくく，バルク材の場合にはレーザ発振が難しい．しかし，ファイバ化すると断面積が減少して光パワ密度が上昇するため，低励起パワでも増幅できるようになる．低温になると，熱エネルギーの影響が小さくなるため，基底状態が分裂して，全体としては 4 準位系となる．準位 $^4I_{15/2}$ と $^4I_{13/2}$ は結晶場によるシュタルク効果（エネルギー準位が電場により複数の準位に分裂する現象）のため複数の副準位に分裂している．

光ファイバ増幅器では光励起を使用する．励起光源波長の 1 つ目の条件は，励起波長が活性媒質である Er^{3+} の吸収帯に一致することである．Er^{3+} では，励起波長として 0.53, 0.66, 0.81, 0.98, 1.48 μm 近傍が候補となる．しかし，励起準位から引き続いて，さらに上の準位へ遷移する場合がある．これを**励起吸収**（ESA：excited state absorption）という．励起吸収があると，上準位への再遷移のために励起エネルギーが余分に消費されるので，励起効率が低下する．したがって，励起波長に対する 2 つ目の条件は，励起吸収に伴う吸収が少ないことである．実用的見地からは，励起光源には半導体レーザや LED など，小型で電流動作が可能な装置が望ましい．

EDFA の励起用光源として，励起吸収の少ない 0.98 μm 帯においては InGaAs ひずみ量子井戸レーザが，1.48 μm 帯では GaInAsP/InP 半導体レーザがよく用いられている．励起用光源では 100 mW 以

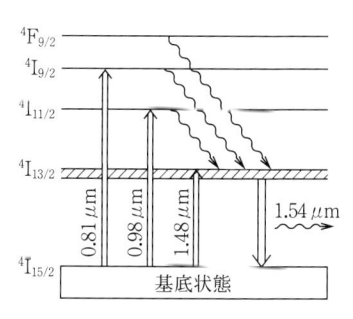

図 11.2 Er^{3+} のエネルギー準位と吸収，発光遷移

上の高光出力が要求される。0.81 μm帯は励起吸収のため励起効率が上がらないので，あまり利用されていない。

光ファイバ増幅器では，励起波長が信号波長よりも短いために，導波構造としては高次モード側となる。よって，励起波長でも単一モード条件を満たすように，光ファイバ構造パラメータを設定する必要がある。多モード状態になると，光ファイバ断面内における励起光と信号光の重なりが変動しやすく，これは利得の変動をもたらす。

（2） EDFAの利得・雑音特性

自然放出光は入射光とは無関係に，増幅媒質内であらゆる方向に放出されているため，そのスペクトルは広い周波数範囲に分布する。そのため，自然放出光成分の一部は入射信号光と同じ周波数領域に入ってくる。これら同一周波数領域に分布する光は，周波数フィルタでも取り除くことができず，信号光と一緒に増幅されることになる。このような成分を，**増幅された自然放出光**（ASE：$\underline{\text{a}}$mplified $\underline{\text{s}}$pontaneous $\underline{\text{e}}$mission）といい，光増幅器で本質的な雑音源となる（図11.3参照）。

増幅された自然放出光が存在する場合，媒質での利得が小信号利得係数 g_0 領域にあるとし，損失係数を α とする。入射信号光の中心周波数を ω，スペクトル幅を $\delta\omega$，入射光パワを P_0 として，長さ L の光増幅器の出射端での光パワは

$$P = P_s + P_n \tag{11.1a}$$

$$P_s \equiv P_0 G, \qquad P_n \equiv n_{\text{sp}} \hbar\omega\, \delta\omega (G-1) \tag{11.1b}$$

で得られる。ただし，$G = \exp\{(g_0 - \alpha)L\}$ は単一通過利得である。また，$n_{\text{sp}} \equiv N_U/(N_U - N_L)$ は**反転分布パラメータ**，N_U と N_L はそれぞれ遷移に関与する上準位と下準位での電子数である。式(11.1)で P_s は増幅された信号光，P_n は増幅された自然放出光であり，信号光が増幅されるとともに自然放出光によ

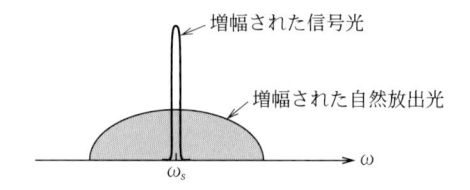

図11.3 光増幅器における信号光と自然放出光の増幅

る雑音も増幅される様子が理解できる。

利得特性では，$0.98\,\mu m$，$1.48\,\mu m$ の両励起波長の場合ともに，LD 励起で 30 dB 以上の利得が得られている。増幅係数は $0.98\,\mu m$ 励起の方が大きいが，吸収スペクトル幅が狭いために，励起光の波長変動の影響を受けやすい。飽和出力は数 mW 程度である。

EDFA の雑音特性で，$0.98\,\mu m$ 励起では理論限界の雑音指数 3 dB に限りなく近づけられる。$1.48\,\mu m$ 帯に関与する上準位は結晶場によるシュタルク効果のため 7 つの副準位に分かれており，この波長帯で励起した場合に反転分布パラメータ n_{sp} が 1 より大きくなるため，雑音指数が劣化する。

（3） ネオジウム添加光ファイバ増幅器

$1.32\,\mu m$ 帯用の Nd^{3+} の場合，活性媒質として $Nd_2O_3(Nd^{3+})$ が GeO_2 とともに光ファイバに添加されている。Nd^{3+} は 4 準位系をなしているため，比較的低い入射光パワで増幅できる。励起波長として，$0.8\,\mu m$ と $0.87\,\mu m$ が用いられている。

Nd^{3+} の場合，$1.06\,\mu m$ の利得係数の方が $1.32\,\mu m$ より数倍大きい。また，$1.32\,\mu m$ では励起吸収が生じるので，この波長での利得が制限を受ける。ネオジウム添加光増幅器は，現状では増幅度，飽和出力ともに不十分である。

（4） 希土類添加光ファイバ増幅器の利点と欠点

希土類添加光ファイバ増幅器の特性を表 11.1 と以下に示す。利点は次のようにまとめられる。

① 光ファイバ構造を基本としているので，接続を含め他の光ファイバ部品との整合性が良く，低損失結合が容易となる。
② 利得係数そのものは半導体レーザに比べると低いが，長尺光ファイバの利用により，全体としての高利得化や飽和出力の増大化が図れる。
③ 光ファイバの導波断面積が狭いため，同じ光パワでも光密度が増大するので，低励起光パワで駆動できる。
④ 導波構造が軸対称なので，半導体光増幅器と異なり，利得の偏波依存性がない。
⑤ 光ファイバ材料である石英の光損傷しきい値が半導体材料よりも高いの

表 11.1　光増幅器の特性比較

項　目	エルビウム添加光ファイバ増幅器	半導体光増幅器
利　得	30〜40 dB	20〜30 dB
利得帯域幅	高帯域 数百 G〜数 THz	極めて広い（10 THz 程度：TW 形） 狭い（1 GHz 程度：共振形）
出　力	10〜100 mW	10 mW 程度（TW 形）
雑音指数	低雑音（3〜5 dB 程度）	5〜10 dB
利　点	低損失結合容易（光ファイバとの整合性良） 利得の偏波依存性なし 長尺化可能(低励起光パワでの駆動可) 高出力・高利得化が可能 （石英の光損傷しきい値が大）	組成変更で波長域変更が可能 集積化や高機能化が可能 小型
欠　点	増幅は特定の波長のみ 帯域幅が TW 形ほど広くない	利得の偏波依存性あり 結合損失大（光ファイバとの接続時）
その他	3 準位系	バンド構造

で，高出力・高利得化に対して有利となる．

欠点は次の通りである．

① 離散的なエネルギー準位での遷移を利用しているので，特定の波長でしか光ファイバ増幅器を得ることができない．
② 増幅帯域幅が進行波形半導体光増幅器のようには広くない．

§11.3　半導体光増幅器

半導体光増幅器は大別して，半導体レーザとほぼ同じ構造を有する共振形と，端面の反射を抑圧した進行波形（TW 形）がある．これら両者について，構造と原理，利得や雑音特性などを説明する．

（1）　共振形光増幅器の構造

半導体光増幅器（SOA：semiconductor optical amplifier）は半導体レーザと構造や原理が類似であるが，寸法や注入電流動作領域が異なる．既述のように，半導体レーザは利得が高く，半導体材料の高屈折率により端面が高反射率

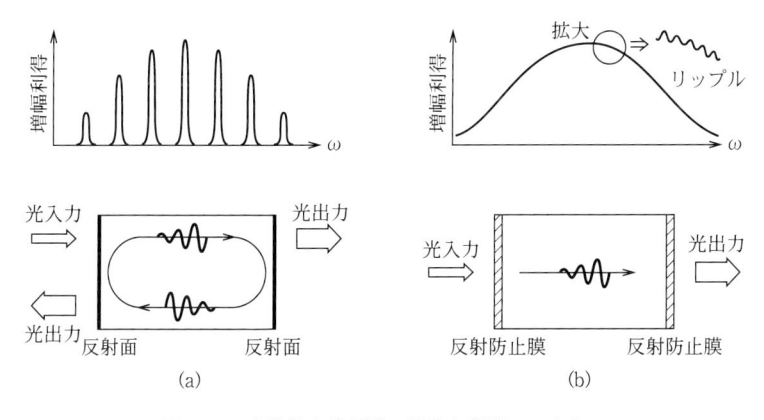

図 11.4 半導体光増幅器の構造と利得スペクトル
(a) 共振形　(b) 進行波形

（たとえば，GaAs では約 30%）になっている．したがって，基本的には半導体レーザが発振可能な波長域で光増幅器を作製することができる．光増幅器として用いるには，注入電流を発振しきい値近傍で，しきい値以下に順方向でバイアスする．このようにしておくと，利得が媒質内部の損失よりも小さなため発振しないが，入射光が増幅される．

入射信号光は共振器内で多重反射して増幅されるため，出射信号光は入射光に対していずれの向きにも出射可能である（図 11.4(a) 参照）．特に，出射信号光が入射光と同じ向きに出射する場合を考えると，多重反射後の出射信号光の全利得 G_c は単一通過利得 G よりも大きくなる．全利得 G_c は，ファブリ・ペロー共振器の強度透過率(8.3)を求める際に利得 G が存在するとして，次のように求められる．

$$G_c = \frac{(1-R_1)(1-R_2)G}{1+R_1R_2G^2-2G\sqrt{R_1R_2}\cos(2kL)} \tag{11.2}$$

ただし，R_1 と R_2 は両端面の強度反射率，L は共振器長，k は光の媒質中波数である．全利得 G_c は，半導体レーザと同じように，ファブリ・ペロー共振器の共振条件 $2kL=2\pi\ell$（ℓ：整数）を満たす周波数でのみピークを示す（図 11.4(a)）．このような増幅器を**共振形光増幅器**（resonant type）という．

共振形光増幅器では，共振条件を満たす周波数では高い利得を示すが，共振条件から少しでもずれると利得が極端に小さくなる．よって，入射信号光を非常に狭い利得周波数に合わせる必要があり，これが共振形の大きな欠点となっ

(2) 進行波形光増幅器の構造

共振形における利得の強い周波数依存性をなくすため，半導体レーザの端面に反射防止膜を塗布した**進行波形光増幅器**（TW (traveling-wave) type）が用いられる（図11.4(b)）。進行波形では当然一方向の増幅だけが可能となる。

適切に作製された進行波形光増幅器では，増幅媒質の利得帯域幅が光増幅器の利得幅となるため，共振形よりも利得帯域がはるかに広くなる。しかし，反射防止膜をつけても，残留反射率 R が存在するときには注意を要する。増幅器全体の利得 G_c を高くするために単一通過利得 G を大きくすると，反射率と利得の積 RG が1に近づくにつれて，全利得 G_c に周波数依存性が現れ，図11.4(b) からわかるように，利得にリップル（微小変動）を生じる。したがって，共振器の単一通過利得が G であれば，利得のリップルがない広帯域光増幅器を得るためには，端面反射率を $1/G$ 程度以下に抑えておく必要がある。

(3) 飽和出力・雑音特性

共振形半導体光増幅器は，内部の光強度が大きく増幅度の変化に敏感なので，TW形より1桁以上小さな光出力で飽和してしまう。通常，TW形の飽和出力は 10 mW 程度である。

TW形における出力端での光パワは式(11.1)で得られる。下準位電子数 N_L が一定の値をもち，反転分布パラメータ n_{sp} が1より大きくなるから，雑音指数は 5～10 dB となる。

(4) 半導体光増幅器の利点と欠点

半導体光増幅器の特性は，既に表11.1で示した。利点は次の通りである。

① 進行波形では，共振特性の影響をあまり受けず，半導体レーザの高い利得特性をそのまま引き継いでいるので，利得帯域幅が極めて広い。
② 組成の異なる化合物半導体を用いることで，半導体レーザと同じように，色々な波長域での光増幅器を作製できる。
③ 多くの電子回路素子と同じ半導体材料が使用されているので，集積化や高機能化が可能となる。

一方，欠点は次の通りである。

① 断面形状が矩形の場合が多く，半導体レーザと同じように，利得に偏波依存性がある。
② 半導体レーザと光ファイバとの断面形状が異なるので，接続時の結合損失が大きい。

§11.4　光増幅器のシステム的意義

（1）　光増幅器の意義と応用

　実用的な光増幅器が誕生するまでは，光ファイバ通信や光信号処理システムにおいて，能動デバイスは光源であるレーザだけで，その他の要素は受動部品で構成されていた。そのため，信号量を上昇できるのは光源だけだったので，光分岐をする際にも分岐数に限界があった。また，システムの信号対雑音比は受動部品の損失に大きく依存していた。

　光増幅器により光の直接増幅が可能になったため，光分岐数に対する制約が少なくなった。また，入力信号レベルを一定値以上に保持している限り，システムの信号対雑音比劣化を最小限にとどめた形で，受動部品の挿入が可能になった。厳密には，理想的な光増幅器でも3dBの雑音指数をもっている。

　光増幅器の応用例として次のものが挙げられる。

① $1 \times N$ の光分岐システムにおいて，分岐後に光増幅器を導入すると，N に対する制限が緩和される。
② 光信号を電気信号に変換することなく，光レベルのままでの増幅が可能となるため，光通信での再生中継器の個数を減じることができる。

（2）　光増幅器の光通信システムへの影響

　光ファイバ通信では，従来 $1.3\,\mu m$ 零分散光ファイバが用いられていた。しかし，エルビウム添加光ファイバ増幅器（EDFA）の導入により，光損失に対する制約が軽減され，中継器間隔が損失制限ではなく分散制限となり，中継器間隔が延びた。また，価格の高い再生中継器を用いることなく，途中で光直接増幅をすることにより経済性が改善された。EDFAを光強度変調・直接検波方式に導入した結果，これは従来のシステムよりも経済性で遥かに優位となっ

たために，それまで行われていた光通信の研究動向をも左右することとなった。

既に布設された 1.3 µm 零分散光ファイバは，波長 1.3 µm では損失限界となっている。この 1.3 µm 零分散光ファイバを布設したままで，EDFA を新たに追加して，低損失帯である 1.55 µm 帯で使用するためには，波長 1.55 µm での分散特性を相殺して低分散にすることを考えればよい。このような目的のため，1.55 µm 帯で既設光ファイバの分散と逆符号の分散をもつ光ファイバが用いられている。これを**分散補償光ファイバ**（dispersion compensating fiber）という。

希土類添加光ファイバ増幅器の導入は，最初バラ色に思われていた。しかし，光直接増幅で光ファイバ内入力が増加すると，当初には予想されていなかった非線形光学効果が顕著に現れるようになり，解決すべき課題となっている。非線形光学問題としては，① 光ファイバ内入力の増加に伴う誘導ブリルアン散乱の発生による，入射光以外の周波数成分の発生，② 光波長多重通信など3波長以上の光を光ファイバに同時に入射させた際に生じる，四光波混合による波長変換，などである。

【演習問題】

11.1 エルビウム添加光ファイバ増幅器の利点と欠点を，原理との関係において説明せよ。

11.2 希土類添加光ファイバ増幅器では励起光源が必要となる。このことに起因する光ファイバ構造上の留意点を述べよ。

11.3 共振形および進行波形半導体光増幅器について，その特性を構造と関連づけて説明せよ。

11.4 光増幅器の利得特性と雑音特性がどのようにして決定されるかを，定性的に述べよ。

11.5 光ファイバ増幅器の出現が光ファイバ通信に及ぼした影響を，光と影の点から説明せよ。

第 12 章

光回路部品

　光ファイバ通信の主要構成要素は，半導体レーザ，光ファイバ，光検出器，光ファイバ増幅器である．安定な通信システムを構成するには，上記以外の光回路部品が必要となる．また，光ファイバ通信の技術的進展に伴い，フォトニックネットワークのように，光技術でより高度な機能を行う必要性が生じてきている．
　そこで本章では，① 光変調器，② 光非相反素子，③ 光分波・合波器，④ 光フィルタ，⑤ 光スイッチなどについて説明する．光源と光ファイバの結合も重要であるが，全体の分量の関係で割愛する．

§12.1　光 変 調 器

　光変調とは，光の属性である振幅や周波数，位相などを時間的に変化させることで，光に情報をのせることである．光ファイバ通信では，半導体レーザに印加する電流を変化させるという，**直接変調**を利用している．しかし，半導体レーザの直接変調では，半導体での緩和振動周波数で高周波変調の限界が決まるため，数十 Gbps のオーダまでしか使用できない．
　光ファイバ通信に用いられる，光検出器や電子回路などの個別技術が進展して，さらに高周波化が可能となり，半導体レーザの直接変調で対応できなくなれば，半導体レーザを搬送波を送出する光源として，別の変調器を使用する必要がある．このような変調方法を**外部変調**といい，電気光学効果や音響光学効果が利用可能である．最近では半導体の光吸収を利用した電界吸収形光変調器で，数十 GHz まで変調可能なことが確認されていることを付記する．ここでは高速変調が可能な，電気光学効果を利用した光変調を主に説明する．

(1) バルク形電気光学変調器

　外部変調法の中で最もよく利用される，**1次の電気光学効果（Pockels効果）**は，外部電界により屈折率が変化する現象である．電気光学材料としては，LiNbO₃，LiTaO₃，KDP（KH₂PO₄），ADP（NH₄H₂PO₄）などがよく用いられる．ここでは，LiNbO₃（ニオブ酸リチウム，一軸結晶，点群：3 m）を例にとって，光強度変調動作を以下で説明する．

　図12.1(a)に示すように，光の伝搬方向と電界の印加方向が直交する横形構造を考える．電界の印加方向を x 軸，光の伝搬方向を z 軸にとる．LiNbO₃ の c 軸を x 軸にとり，この方向の厚さを d，光の伝搬方向の長さを L とする．x 軸方向に電圧 V を印加すると，固有偏光（結晶中で存在可能な偏光状態）が x 偏光と y 偏光となる．それぞれに対する屈折率は，屈折率楕円体から

$$n_x = \left(\frac{1}{n_e^2} + \frac{r_{33}V}{d}\right)^{-1/2} \fallingdotseq n_e - \frac{n_e^3 r_{33} V}{2d} \tag{12.1 a}$$

$$n_y = \left(\frac{1}{n_o^2} + \frac{r_{13}V}{d}\right)^{-1/2} \fallingdotseq n_o - \frac{n_o^3 r_{13} V}{2d} \tag{12.1 b}$$

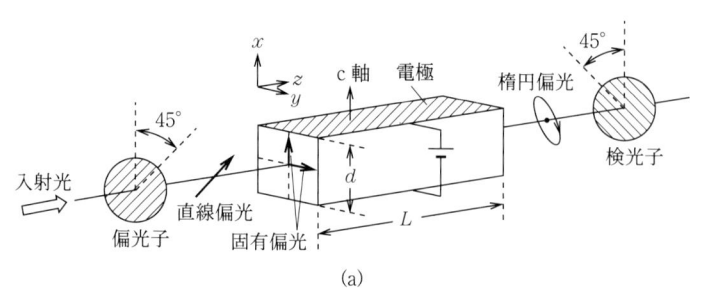

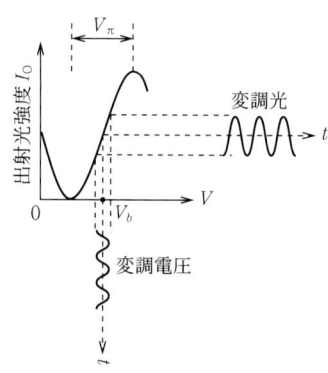

図 12.1 光変調器の構成と動作特性
(a) 横形の構成
(b) 変調電圧と変調光強度

で求められる．ただし，n_o, n_e は常光線，異常光線に対する屈折率，r_{ij} は電気光学係数であり，電界による屈折率変化は小さいとした．

図12.1(a)で結晶の前側には，x 軸に対して45度傾いた偏光だけが入射できるように偏光子を設置し，結晶出射端には，x 軸に対して-45度傾いた偏光成分のみを取り出す検光子を設置する．

偏光子透過後の光（光電界振幅：E_i）は，結晶内で固有偏光であるx, y偏光を等振幅で励振する．この2偏光に対する屈折率は式(12.1 a, b)で表されるように異なるため，長さ L の結晶通過直後の出射光の偏光成分は

$$E_x = \frac{E_i}{\sqrt{2}} \cos(\omega t + k_0 n_x L) \tag{12.2 a}$$

$$E_y = \frac{E_i}{\sqrt{2}} \cos(\omega t + k_0 n_x L + \delta) \tag{12.2 b}$$

$$\delta \equiv k_0 (n_y - n_x) L = k_0 L (n_o - n_e) + \frac{k_0 L V}{2d}(n_e^3 r_{33} - n_o^3 r_{13}) \tag{12.2 c}$$

で表され，一般には楕円偏光となっている．ここで，δ はx, y偏光間の位相差であり，k_0 は真空中波数である．

結晶出射端の検光子通過後の出射光強度 I_o は

$$I_o = I_i \sin^2\left\{\frac{k_0 L(n_o - n_e)}{2} + \frac{\pi}{2}\frac{V}{V_\pi}\right\} \tag{12.3}$$

で書ける．ただし，$I_i = |E_i|^2$ は入射光強度である．式(12.3)で三角関数内第1項目は自然複屈折（電界を印加しなくても，媒質が自然状態で有している複屈折）による項である．また，V_π は位相差 δ が π，つまり半波長分の位相差を与える電圧で，**半波長電圧** (half-wave voltage) と呼ばれる．これは結晶にかける電圧の目安を与えるものであり，いまの場合

$$V_\pi = \frac{\lambda_0 d}{L}\frac{1}{n_e^3 r_{33} - n_o^3 r_{13}} \tag{12.4}$$

で表される．λ_0 は入射光の真空中波長である．

式(12.3)は出射光強度を印加電圧の値に応じて変化できることを示しており，このような変調方法を**光強度変調**（IM：intensity modulation）または**振幅変調**（AM：amplitude modulation）という．式(12.3)の意味するところは次の通りである．

① 半波長電圧 V_π が，結晶の厚さ d と長さ L の比で決まっている．V_π を減少させるには結晶厚 d を小さくすればよい．長くすると伝搬損失が

増加し、また素子が大きくなるので、L の増加による V_π の低下には限界がある。
② 変調度も結晶厚 d と長さ L の比で調整できる。
③ 自然複屈折の項があるため、$V=0$ で出射光強度が零にならない。

強度光変調器での出射光強度の電圧依存性を、図 12.1(b) に示す。光変調器として用いるときは、強度変化が大きな位置にバイアス電圧 V_b を設定し、その近傍で電圧を小さく変化させる。温度変動があれば自然複屈折が変化し、動作特性が図の横軸方向にドリフトするので、温度制御する必要がある。温度による自然複屈折変化の影響を低下させるため、c 軸の直交した、同じ変調器を 2 つ直列に配置して使用される場合がある。

(2) 導波路形電気光学変調器

外部光変調器を光ファイバ通信に使用する場合は、半導体レーザの高速変調に限界があるときである。変調器を高速で駆動するには、変調電圧をできる限り低下させることが望ましく、変調器を導波路化する必要がある。

光を導波路に閉じ込めて伝搬させれば、光の広がりは数 μm 以内にできるため、変調器用電極の間隔 d はバルク形に比べて約 3 桁小さくできる。基本的にはこの効果により半波長電圧を数 V にまで低減することが可能となる。

導波路形光変調器の一例として、図 12.2 に示した方向性結合器形を扱う。**方向性結合器**（directional coupler）とは、2 本の光導波路を波長オーダまで近接させて平行に配置したものである。一方の導波路からの入射光を他方の導波路から出射でき、両導波路間に印加した電圧に応じて出射光量を変化できる。バルク形と同じく、$LiNbO_3$ に対して半波長電圧を式(12.3)と同様に定義すると、導波路形光変調器の半波長電圧が

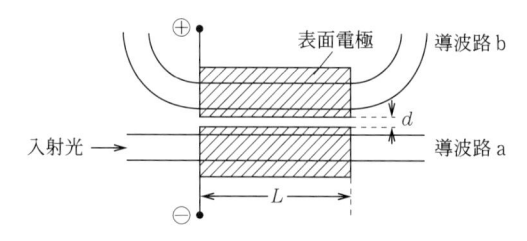

図 12.2　導波路形電気光学変調器（方向性結合器形）の構成

$$V_\pi = \frac{\lambda_0 d}{L} \frac{1}{2n_e^3 r_{33}} \tag{12.5}$$

で得られる。ここで，n_e は異常光線に対する屈折率，r_{33} は電気光学係数である。

光変調器の導波路化の利点は次のようにまとめられる。

① 半波長電圧は，導波路形での式(12.5)とバルク形での式(12.4)で，構造パラメータ依存性が類似している。導波路形では電極間隔 d が大幅に減少できるために，印加電圧がバルク形より極度に小さくでき，これは高速変調にとって好ましい。

② 方向性結合器形光変調器では，媒質前後の偏光子を必要としないので，変調器と導波路が同一材料で同一基板上（モノリシックという）に作製できる。

【数値例】 光変調器の半波長電圧 V_π をバルク形と導波路形で比較する。LiNbO$_3$ のパラメータとして，$n_o=2.286$，$n_e=2.2$，$r_{13}=8.6\times10^{-12}$ m/V，$r_{33}=30.8\times10^{-12}$ m/V を用いる。結晶の長さが 5 cm のとき，633 nm の He-Ne レーザ光に対して，バルク形では厚さ 5 mm に対して $V_\pi=280$ V，導波路形では厚さ 5 μm に対して $V_\pi=0.1$ V を得る。

§12.2 光非相反素子

光は屈折率が異なる境界面では反射する。光源である半導体レーザからでた光は，光ファイバ入射端面で反射して光源側に戻る。光ファイバが非常に低損失となっているので，多くの光ファイバ接続面からの反射光も光源側に戻る。このような反射光が光源に戻ると，レーザ動作が不安定となる。また，光ファイバ増幅器が使用されるシステムでは，光ファイバ接続面からの反射光も増幅されるから，光源への影響はさらに深刻となる。したがって，半導体レーザや光ファイバ増幅器などの能動素子がある場合には，各素子間の光学的分離が重要となる。

素子間の光学的分離を実現する方法は，大別して2つある。そのひとつは，入出力ポートが1つずつある場合に，入力側から出力側には光が通過するが，その逆向きには通過を妨げる素子で，これを**光アイソレータ**（isolator）とい

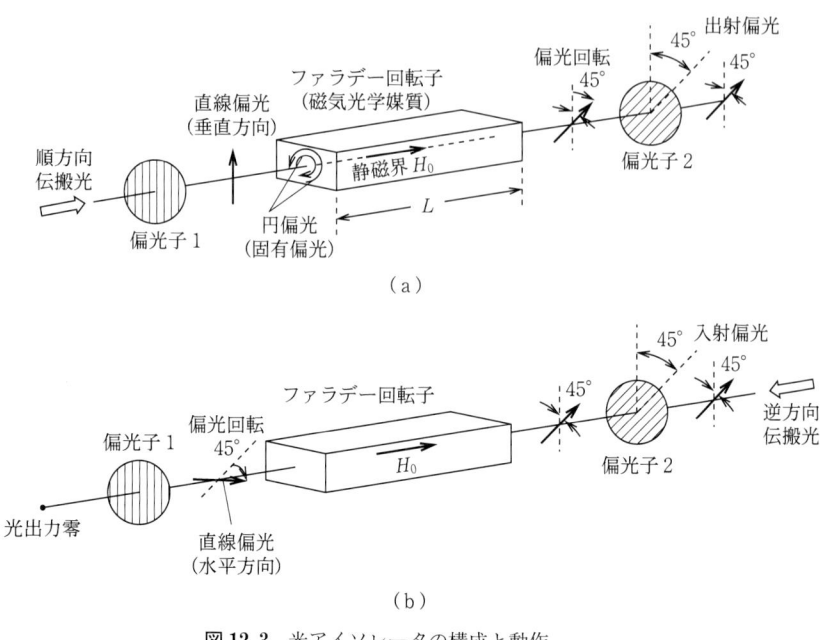

図 12.3 光アイソレータの構成と動作
(a) 順方向伝搬　　(b) 逆方向伝搬

う。2つ目は，入出力ポートが合わせて3カ所以上ある場合，第1ポートから入射した光は隣りの第2ポートから出射し，第2ポートから入射した光は第3ポートから出射するというように，入出力ポートが順に回転している素子であり，これを**光サーキュレータ**（circulator）と呼ぶ。これらの機能を実現するために，磁気光学効果のひとつであるファラデー効果を利用した，光非相反素子が用いられる。

　光非相反素子の動作を説明する前に，まずその原理となっている磁気光学効果（magneto-optic effect）から説明する。図12.3(a)中央に示すように，光が磁気光学媒質（磁性体）中を伝搬するように配置し，静磁界 H_0 が光の伝搬方向と平行に印加されているとする。磁気光学媒質中では，光電界によって誘起された電子が，磁界方向に垂直な面内で円運動をする。そのため，右回りおよび左回り円偏光に対する屈折率が異なるようになる。

　直線偏光が磁性体に入射した場合，これは磁性体内では右回りと左回りの円偏光に分離されて伝搬する。両円偏光に対する屈折率が異なるため，光の伝搬

につれて両円偏光の間で位相差を生じる．そのため，磁性体から出射後の光も直線偏光となるが，その偏光面が入射時の面から回転する．このように偏光面が回転する現象を**ファラデー効果**（Faraday effect）という．偏光面の回転角度をファラデー回転角度 ϕ と呼び，それは

$$\phi = VH_0L \tag{12.6}$$

で表される．回転角 ϕ は伝搬長 L と印加磁界 H_0 の積に比例しており，比例定数 V は**ベルデ定数**（Verdet constant）と呼ばれる．

　光アイソレータの構成例を図 12.3 に示す．磁気光学媒質に静磁界が印加されるように，その周辺に永久磁石を設置する．静磁界の強さ H_0 と媒質長 L の積は，ファラデー回転角 ϕ が右回りに 45 度になるように決められる．このとき，図の左側の偏光子 1 と右側の偏光子 2 は，順方向のときに透過偏光面が 45 度だけ傾くように設定しておく．

　同図(a)の左側からの順方向入射光は，偏光子 1 を透過後は直線偏光となる．この光が磁気光学媒質に入射すると，ファラデー効果により偏光面が角度 45 度だけ回転し，偏光子 2 をそのまま通過する．

　一方，同図(b)に示すように，右側からの逆方向伝搬光は右の偏光子 2 で決まる直線偏光となり媒質に入射する．この際，ファラデー回転方向は磁界の向きだけで決まるから，逆向き伝搬光は進行方向に対して -45 度磁気光学媒質中で偏光面が回転する．よって，逆方向伝搬光が媒質を透過した後は，その偏光面が偏光子 1 の透過偏光面と直交するために，偏光子 1 を透過できない．こうして，順方向伝搬光は透過できるが，逆方向伝搬光が透過できないという，光非相反素子である光アイソレータが実現できる．

　ファラデー回転子として，光通信で重要な近赤外領域では YIG（$Y_3Fe_5O_{12}$）がよく使われる．YIG は赤外の $1\sim10\ \mu m$ で透明である．これは強磁性体なので式(12.6)のように回転角が磁界に比例した形で表せないが，飽和磁化のもとで大きなファラデー回転角（$280\ deg./cm$：波長 $1.06\ \mu m$）を示す．可視域用ファラデー回転子として鉛ガラスが用いられる．

§12.3　光合分波器

　ひとつの情報を多くの人に分配するためには，ひとつの光を複数の経路に分配（分波）する必要がある．また，複数の送信者からの情報を 1 カ所に集める

には，複数の経路からきた光を合流させること（合波）が必要になる。

（1） 光合分波器の基本構成

一番基本になる合分波器は，1入力2出力（1×2）の分波，あるいは2×1で合波する，Y分岐である（図12.4(a)参照）。コア幅や分岐角度が重要な因子となる。

次に基本的なのは，2入力2出力（2×2）のものである（同図(b)参照）。2つの光導波路のコア部分を波長オーダの寸法で近接させ，近接部分の長さLを調整すると，一方の導波路から入射した光が他方の導波路からも出射するようになる。このような構造を通常，**方向性結合器**と呼んでいる。これにはスラブ導波路や光ファイバを利用するもの（光ファイバカップラ）がある。光ファイバカップラ作製法として，2本の光ファイバをより合わせて，その部分を加熱溶融した後に引っ張る方法（溶融形）や，2本の光ファイバの側面をコア近傍まで研磨して，研磨部を貼り合わせる方法がある。

$N \times N'$（NとN'のいずれかは3以上の整数）の合分波器は**スターカップラ**（star coupler）と呼ばれ（同図(c)参照），一般には情報の分配に用いられる。$1 \times N$で合分波するスターカップラは分配形ネットワークに使用でき，星状のデータ伝送系に使用される。$N \times N'$形には，方向性結合器や2×2スイッチを複数個用いることにより$2^n \times 2^n$（n：整数）を実現したものや，N本の光ファイバを束にして加熱溶融して作製する光ファイバスターカップラが用いられる。

合分波素子はスラブ導波路や光ファイバから作製される場合が多いので，導波構造に注意を配る必要がある。合分波特性では，波長依存性，偏光依存性，温度依存性にも留意する必要がある。

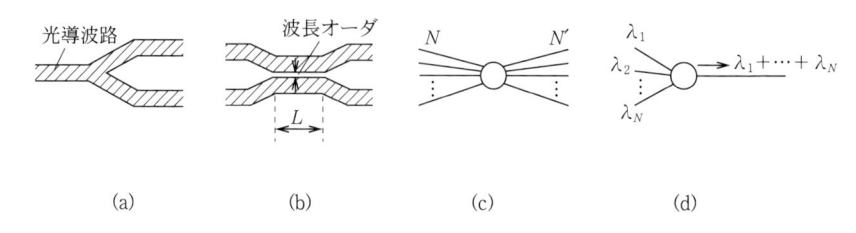

図 **12.4** 光合分波器の基本構成
(a) Y分岐　(b) 方向性結合器形　(c) スターカップラ　(d) 波長多重装置

合分波器の特殊なものとして，異なる波長に合波や分波を行うものがある（同図(d)参照）。これは波長多重装置と呼び，図と逆向きに使用するものを波長逆多重装置という。これは光波長多重通信で重要な素子であり，次項で説明する。

（２） アレイ導波路回折格子

光波長多重通信をネットワークに利用するには，異なる波長の光を分岐・挿入することが不可欠となる（§16.3(2)参照）。この目的のために，図12.5に示すように，複数の光導波路を円周方向に対して等間隔で並べた光回路が利用される。導波路入射面に平面波が入射すると，各導波路の長さに応じた位相変化を受ける。導波路出射端から出た光は回折し，特定の方向では特定波長の光が干渉して強め合う。こうして，複数の波長を含む入射光を，波長毎に空間的に分離する光回路を**アレイ導波路回折格子**（AWG：arrayed‐waveguide grating）という。

コア幅 w の導波路が O を中心とした半径 R_i 上にあるとする。各導波路が中心角 ψ で等間隔 d で並んでいる。このとき，各導波路出射面に垂直な方向と角度 θ をなす方向に伝搬する回折光を考える。

隣接する導波路の長さは $\delta L = d\psi$ だけ異なるから，伝搬によるその位相差

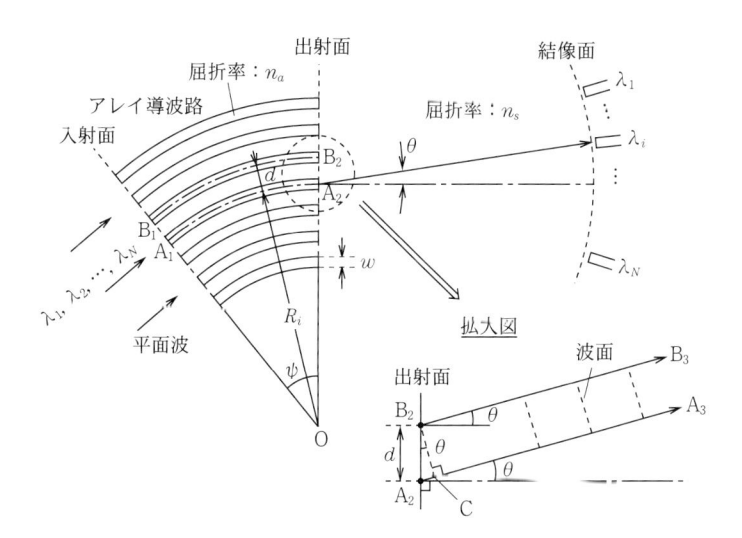

図 12.5 アレイ導波路回折格子による光分波の原理

は $n_a k_0 \delta L = n_a k_0 d\, \phi$ (n_a：アレイ部分の等価屈折率，$k_0 = 2\pi/\lambda$：真空中の波数，λ：波長)となる。また，隣接する導波路からの出射面以降の回折光の距離差は $A_2C = d\sin\theta$ となる。したがって，特定方向で波面が同位相となる条件は，$n_a k_0 \delta L - n_s k_0 d\sin\theta = 2\pi m$ (n_s：出射面と結像面の間の屈折率)より，

$$n_a d\, \phi - n_s d\sin\theta = m\lambda \tag{12.7}$$

で表せる。ここで，m は回折次数である。したがって，AWG の回折条件 (12.7)を満たす角度 θ の方向で，かつ d に比べて出射面から十分離れた位置では波長 λ の光のみが取り出せる，つまり波長毎の分波が可能となる。AWG を逆向きに使用すれば，各種波長の合波が可能となる。

§12.4 光フィルタ

光フィルタ (optical filter) とは，特定波長の光だけを通過させたり，阻止する機能を有する光学素子である。光波長多重通信では，多くの波長チャネルの光から，特定波長の光だけを分岐したり挿入する場合に光フィルタが必要となる。光フィルタとしては，① 周期構造での多重反射を利用するもの，② 干渉膜フィルタ，③ 音響光学フィルタなどがある。用途により，狭い波長選択性，波長可変性，波長無依存形などが求められる。

よく使用されるのは周期構造（回折格子）を利用するものである。Ge が添加された石英系光ファイバに紫外線を照射すると屈折率が変化する。そこで，

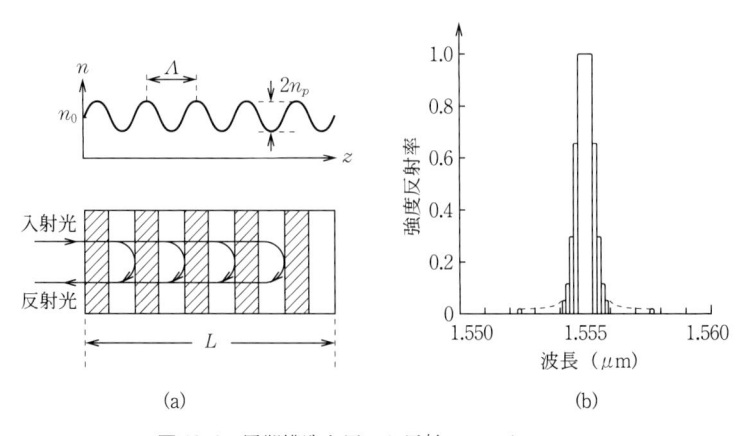

図 12.6 周期構造を用いた反射フィルタ
(a) 基本構造と屈折率　(b) 反射率特性

干渉を利用して光ファイバの光軸方向に回折格子を作製したファイバグレーティングが用いられている．この型のフィルタの動作原理は分布帰還形半導体レーザ（§10.1参照）と同じであり，反射形フィルタとなる．以下でその動作原理を説明する．

図12.6(a)に示すように，高屈折率層と低屈折率層が交互に，一定の周期 Λ で配置されているとする．この周期構造に光が左側から入射すると，光は屈折率が異なる境界面で反射する性質があるので，入射光は各境界面で反射される．隣接した層からの反射光の光路長差 Δ は，この構造の平均屈折率を n_0 として，$\Delta=2n_0\Lambda$ で表せる．この光路長差が使用波長 λ の整数倍であれば，つまり

$$\lambda_B = 2n_0\Lambda/m \quad . \quad m=自然数 \tag{12.8}$$

を満足していれば，隣接層からの反射光は干渉して互いに強め合い，結果として光は周期構造を透過しなくなる．このように，光が回折格子で反射されることを**ブラッグ反射**（Bragg reflection）といい，そのときの波長 λ_B をブラッグ波長と呼ぶ．m は回折次数を表す．

より詳しい理論によると，周期構造（長さ：L）による強度反射率 R が次式で表される．

$$R = \frac{\varkappa^2 \sinh^2(bL)}{\varkappa^2 \cosh^2(bL) - D^2} \quad : \varkappa \geq D \tag{12.9a}$$

$$R = \frac{\varkappa^2 \sin^2(b'L)}{D^2 - \varkappa^2 \cos^2(b'L)} \quad : D > \varkappa \tag{12.9b}$$

ここで，$\varkappa = \pi n_p/\lambda$ は結合係数，$D=(\pi/2n_0\Lambda^2)(\lambda-\lambda_B)$ はブラッグ条件からのずれを表す離調，n_p は屈折率変動の振幅，$b=(\varkappa^2-D^2)^{1/2}$，$b'=(D^2-\varkappa^2)^{1/2}$ である．

周期構造による強度反射率の波長依存性例を図12.6(b)に示す．最大反射率は $D=0$ ($\lambda=\lambda_B$) のとき $R_{\max}=\tanh^2(\varkappa L)$ で得られる．波長 $\lambda=\lambda_B$ を中心として，ある波長幅内の光がほとんど透過していない様子がよくわかる．この領域を**阻止帯**（stop band）と呼ぶ．阻止帯の幅は，周期構造の屈折率差と回折格子数に比例しており，これがフィルタの帯域に対応する．フィルタ帯域を鋭くするため，両脇にあるサイドローブを減少させる試みもなされている．

干渉膜フィルタは，基板材料の表面に厚さと屈折率の異なる薄膜を多層に塗布した多層膜からなっている．特定波長の光だけが透過あるいは反射するよう

に，膜厚や屈折率などのパラメータが選ばれている。

音響光学フィルタは，$LiNbO_3$ などの音響光学結晶上に櫛形電極を取り付けて表面弾性波（音波）を発生させ，音波による屈折率変化に伴う偏光変換を利用して，透過・分岐波長を選択するものである。印加する音波周波数の変化により分岐波長が変えられるので，波長可変フィルタが可能である。

§12.5 光スイッチ素子

光ファイバ通信とはいっても，通信経路の変更に使用するスイッチは，従来から電気的スイッチが用いられてきた。その理由のひとつは，信頼性が高く，高速動作の光スイッチがまだ開発されていなかったことである。他の理由は，経路選択を光レベルで行える光通信システムが成熟していなかったことである。そのために，光信号をいったん電気信号に変換してから，電気レベルでスイッチ，すなわち交換を行っていた。

そうした中で，光波長多重通信の高度利用として，波長を宛先に対応させるフォトニックネットワークの概念が出現し，経路選択を光レベルで行うことの必然性が生じてきた。つまり，光ファイバ通信で光スイッチを必要とする明確な目標ができたのである。光通信用のスイッチとして要求される条件は，① 高速応答特性，② 広帯域性，③ 波長分離特性，④ 消光比（スイッチが on 状態のときの信号光強度と off 状態のときの強度の比）などである。

高速応答が可能な光スイッチは，§12.1 で説明した，電気光学効果を利用した変調器（図 12.1）で一部を変更したものである。同図(b)に示すように，印加電圧を半波長電圧 V_π 分ずらすと，結晶透過後の光強度が零と最大値の間で切り替わることを利用する。そこで，図の出射側配置で，検光子を除去し，移相器と偏光プリズムを設置する。式(12.3)で示したように，透過光量には自然複屈折項が含まれているので，電圧を印加しないとき，透過光量が零になるように，移相器の位相ずれを調節し，たとえば，偏光プリズムを直進するようにする。一方，経路を切り換えるときは，結晶に半波長電圧 V_π を印加すると，偏光プリズムで反射される。

2×2 の光スイッチとして，方向性結合器に電気光学効果を利用した導波路形光変調器がほとんどそのままで使用できる。半波長電圧が数 V と低く，GHz オーダの高速動作が可能となり，消光比も 20 dB 以上とれる。2×2 の光

スイッチとして，マッハツェンダ形もよく利用されている．これを組み合わせると，$2^n \times 2^n$（n：整数）のスイッチが形成できる．

音響光学効果を利用した光偏向器は，電気光学効果ほど高速応答が期待できないが，光スイッチとして利用できる．応答速度は通常で数百 MHz 程度である．これは，超音波を利用するために消費電力が比較的大きいが，温度変化による動作特性のドリフトがない．数十 MHz 以下の速度に対しては，安定なスイッチとして動作する．

【演習問題】

12.1 1次の電気光学効果を利用した変調器で，自然複屈折による温度変化を補償する工夫について考える．図12.1の変調器 M1 と c 軸を直交させ，かつ電界を c 軸に対して逆向きに印加するだけで，あとは全く同じ構造の変調器 M2 を用意する．M1 と M2 を光の透過方向に配置する直列構造の変調器を LiNbO$_3$ で作製する場合，次の問いに答えよ．
① この直列構造で自然複屈折の項が打ち消し合うことを示せ．
② 位相差が $\delta = (k_0 L V / d)(n_e^3 r_{33} - n_o^3 r_{13})$ となることを示せ．

12.2 アレイ導波路回折格子で異なる波長の光が空間的に分波できる原理を説明せよ．

12.3 周期構造で光フィルタが実現できる原理を説明せよ．また，フィルタ幅を狭くするにはどのようにすればよいか，考えよ．

12.4 図12.2で電極部分を除外したもの，すなわち図12.4(b)に示した方向性結合器の動作について考えたい．導波路 a と b の構造が同じとし，これらの位置 z における電界を $A(z)$ と $B(z)$，伝搬定数を β，結合係数を $\varkappa$ とおくと，結合部では次のモード結合方程式を満たす．

$$\frac{dA(z)}{dz} = -i\beta A(z) - i\varkappa B(z)$$

$$\frac{dB(z)}{dz} = -i\varkappa A(z) - i\beta B(z)$$

ただし，曲がり部分の効果は無視する．
① 入射点 $z=0$ で導波路 a のみに光を入射させたとき，距離 z 伝搬後の両導波路での電界を求めよ．
② 導波路 a から b へ全光パワーが移行するのに必要な結合距離 L_c を求めよ．

第13章

光検出器

　現在の光通信では，光を搬送波として用いていても，すべての処理を光レベルで行えるわけではない。光で処理できるのは，信号を遠くへ伝えること（伝送）だけであり，信号を宛先別に振り分けること（交換）は電気レベルで行われる。また，劣化した波形を元のきれいな送出波形に戻すには，光信号をいったん電気信号に変える必要がある。したがって，光通信といえども，光信号を電気信号に変換する光電変換が不可欠であり，この目的に光検出器（受光素子）が使用される。

　この章では，光ファイバ通信でよく用いられる光検出器について，その種類と原理を述べた後，光検出器の性能を決めるショット雑音，熱雑音，過剰雑音などの雑音特性を説明する。

§13.1　光検出器の原理

　光検出器（photodetector）は，光信号を電気信号に変換する光電変換素子である。光通信では，光ファイバで減衰した微弱な光信号を電気信号に変換するのに使用される。電気信号に変換された後は，電気増幅器で信号を増幅する。これらの要素は中継器に組み込まれている。

（1）　pinフォトダイオードの構造と原理

　pinフォトダイオード（PD：photodiode）の概略を図13.1に示す。**pin構造**とは絶縁（insulator）層の両側を，不純物が添加されたp形とn形半導体ではさんだものである。pin構造の半導体に逆バイアス電圧を印加すると，i層内には電子もホール（正孔）も存在しない領域である空乏層（depletion layer）ができる。このとき，外部からi層の禁制帯幅（バンドギャップ）以

§13.1 光検出器の原理

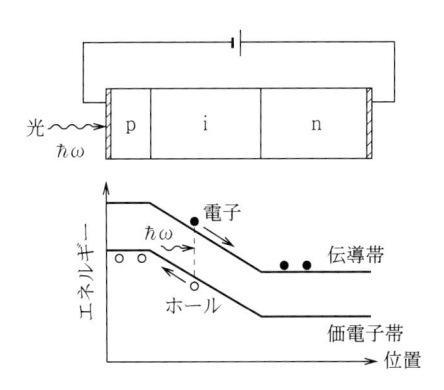

図 13.1 pin フォトダイオードの構造と原理

上のエネルギー $\hbar\omega$ をもった光が入射すると，光は主に空乏層中で吸収され，そこで伝導電子とホールの対が生成される．生成された電子は電界によりn形領域へ，ホールはp形へそれぞれドリフトするため，光電流が流れる．この型の光検出器を **pin フォトダイオード** (pin-PD) という．

光照射により流れる電流は

$$j = \frac{\eta e P_0}{\hbar \omega} \tag{13.1}$$

で表されるように，入射光エネルギーに比例する．ここで，P_0 は入射光エネルギー，e は電気素量，$\hbar\omega$ は光子1個のエネルギー，$\hbar \equiv h/2\pi$，h はプランク定数である．また，η は **量子効率** (quantum efficiency)，すなわち入射光子数に対する生成電子数の割合であり，高い量子効率が望ましいことがわかる．

フォトダイオードでは逆バイアス電圧が印加されているので，光が外部から入射しなくても流れる微小電流があり，これを **暗電流** (dark current) と呼ぶ．pinでの暗電流は，逆バイアス電圧により，少数キャリアがp形とn形領域から空乏層に拡散すること（拡散電流）により生じており，これが雑音要因となる．

pin-PDの応答特性には空乏層の厚さが密接に関係している．空乏層が薄くなると，キャリア走行時間が短くなるので，この面からは高速応答に寄与する．しかし，空乏層が薄くなると，受光素子の容量が増加するので，CR時定数（静電容量 C と負荷抵抗 R の充放電による応答時間制限）の関係で応答時

間が遅くなる。また，空乏層が薄くなるにつれて，光の吸収量が低下するので，量子効率が小さくなる。このように，空乏層には最適厚が存在する。

pin-PD 自体は電流増倍作用をもたないが，雑音は比較的小さい。光通信用材料としては，近赤外領域で感度を有する Si, Ge, GaInAs などがよく用いられている。

（2） アバランシュフォトダイオード（APD）の構造と原理

APD の構造は，図 13.2 に示すように，p^+, p, n^+ 層をサンドイッチ状に並べたものである。ここで，p^+ と n^+ とは p 形と n 形で不純物を高濃度に添加したものである。APD では，pin 構造の場合と同じように逆バイアス電圧を印加するが，逆バイアス電圧が禁制帯幅の 1.5 倍以上になるように設定されるところが異なる。

逆バイアス電圧を過度に大きくしておくと，入射光により空乏層の p 形層で生成されたキャリアのドリフト速度が速くなる。こうして運動エネルギーが十分大きくなったキャリアが，価電子帯の電子と衝突してこれを励起し，新たな電子-ホール対が生成される（図 13.2 参照）。このような過程が繰り返されて，キャリア数がなだれ（avalanche）的に増大し，光電流が増幅される。そのため，この型の光検出器は**アバランシュフォトダイオード**（APD）と呼ばれる。APD では局所的ななだれ増倍とブレークダウン（降伏）を防止するため，受光部の周囲をガードリング（guard ring）で覆っている。

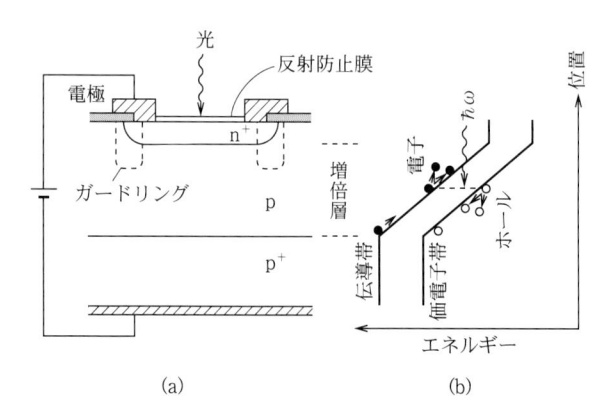

図 13.2　アバランシュフォトダイオード（APD）の構造と原理
(a) 構造　(b) キャリアの増倍過程

電界で加速されたキャリアが，電子を価電子帯から伝導帯に励起することを**イオン化**（ionization）という。キャリアが単位長さを走行する間にイオン化を生じる回数を**イオン化率**という。APDでは，増倍過程で光電流が増幅されると同時に，なだれの発生過程の不均一性による**過剰雑音**（excess noise）を生じる。過剰雑音には電子のイオン化率 α とホールのイオン化率 β が関係するが，詳細は§13.3で説明する。

APDでの暗電流の主要因は，大きな逆バイアス電圧により，p^+ 層の価電子帯にある電子が加速され，p層の禁制帯を通過して，エネルギーがほぼ等しい n^+ 層の伝導帯へトンネルすること（トンネル電流）により，電流が流れるためである。

APDを用いることの利点は，逆バイアス電圧 V を制御することにより，任意の**電流増倍率**（current multiplication factor）M が得られることである。しかし，逆方向のブレークダウン電圧 V_B には大きな温度依存性があるため，増倍率も温度に強く依存することに注意を要する。電流増倍率は，Millerの実験式

$$M = \frac{1}{1-(V/V_B)^m} \quad : m = 3 \sim 6 \tag{13.2}$$

で表せる。ここで，m はダイオードによって決まる定数である。$V < V_B$ にしておく必要があり，$V_B < V$ になるとAPDを破損する恐れがある。通常，$M = 30 \sim 100$ 程度で動作させる。

§13.2　通信用光検出器

（1）通信用光検出器への要求条件

要求条件は次のように列挙できる。

① 高感度：　使用波長でより微弱な光信号を受信できると，中継間隔の延伸に役立つ。雑音と密接な関係がある。

② 高速応答：　応答時間が速いと，検出に伴う波形のすそ引き等が小さくなり，単位時間当たりに多くの光信号を伝送できる，つまり符号伝送速度の高速化につながる。

③ 低雑音：　光信号の SN 比劣化が少ないために，中継間隔が延びる。

④ 高い量子効率： 同じ光子数が入射した場合でも多くのキャリアが発生するため，信号量の増加に関係する。
⑤ 使用波長帯との整合： 半導体中で入射光エネルギーが吸収されるために，材料としては使用波長域に対応するエネルギーよりも少し小さな禁制帯幅をもつものが必要となる。

その他，動作電圧の低下は低消費電力につながる。また，温度などの外部要因に対する動作安定性が求められる。

(2) 波長帯別光検出器

光検出器として半導体がよく使用される。半導体レーザと異なり，光検出器ではキャリアの発生と移動が主目的なので，間接遷移形半導体（光吸収により電子が価電子帯から伝導帯に遷移するとき，フォノンが介在して電子波数が変化するもの）であるSiやGeも使用できる。図13.3に各種半導体を用いた光検出器の量子効率波長依存性を示す。

短波長帯に相当する$0.8 \sim 0.9\ \mu\mathrm{m}$帯では，この波長帯に整合した禁制帯幅（$E_g=1.1\ \mathrm{eV}$）をもつSiのpinまたはAPDが用いられる。Si-pinは20V程度の低電圧で動作するため，高感度を必要としないときに使用できる。Si-APDはなだれ増倍による過剰雑音が小さい。

長波長帯に相当する$1.1 \sim 1.6\ \mu\mathrm{m}$帯では，Siより禁制帯幅の小さな材料が

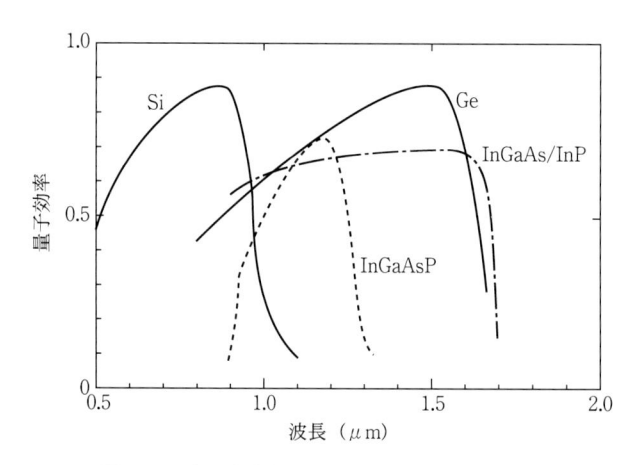

図13.3 各種半導体を用いた光検出器の量子効率

使用され，単体としては Ge，化合物半導体としては $Ga_xIn_{1-x}As_yP_{1-y}$ や $Hg_xCd_{1-x}Te$ などが検討されている。

Ge-APD は長波長帯の代表的な光検出器である。Ge-APD は感度，応答速度ともに優れているが，暗電流が $I_d = 10$ nA 程度と Si-APD に比べて 4 桁ほど大きいことが欠点である。

InGaAs/InP-APD は暗電流を低減させる目的で開発された。暗電流を減少させるために禁制帯幅を大きくすると，長波長側の光を吸収できなくなる。そこで，光吸収と増倍の役割を 2 層に分担させている。つまり，光吸収層には禁制帯幅の小さな n 形 InGaAs を用い，増倍層には禁制帯幅の大きな n 形 InP を用いる。吸収層で発生したホールは増倍層に注入されるが，この界面での電界が小さなため，ホールがトラップされやすい。そこで，両層の間に中間の禁制帯幅をもつ n 形 InGaAsP を挿入する。このような構造を **SAGM** (separate-absorption-graded-multiplication) **構造**と称する。SAGM 構造を利用することにより，暗電流が $I_d = 0.1$ nA 程度まで減少した。これは高速用に供されている。

§13.3 光検出器での雑音

通信系の構成要素はそれぞれ雑音を有しており，雑音がシステム全体の性能を決める。特に，受信性能は光検出器や増幅回路における増幅特性や雑音特性に強く依存する。受信側の最低受信レベルは，信号強度（S）と雑音強度（N）の比で定義される，信号対雑音比（SN 比）で決まる。したがって，光検出器から出る光電流が小さくても，光検出器での雑音がさらに小さければ，電気的増幅器を用いて，良好な SN 比を保ちつつ，信号を取り出すことができる。

光検出器の雑音として重要なものは，ショット雑音，熱雑音，APD 等内部に増倍機能をもつ光検出器が発生する増倍雑音等である。以下ではこれらの各雑音の説明を行う。

（1） ショット雑音

光が半導体などの媒質に吸収されると，光子エネルギーにより内部では電子やホールなどの粒子が発生する。このとき媒質の両端に電圧が印加されている

と，キャリアの移動により電流が流れるが，光電変換過程が時間的に均一ではない確率過程であるため，電流に揺らぎを生じる。このような粒子性に起因した電流揺らぎを**ショット雑音**（shot noise）または**量子雑音**（quantum noise）という。この雑音は，光を古典的な波動ではなく，光量子として考えて初めてでてくる概念である。

電荷 e の荷電粒子が，単位時間当たり N_{av} 個の割合で時間的に不規則に発生する場合を考える。雑音電流 j_{ns} の2乗平均を求めて，周波数帯域幅 δf に含まれるショット雑音の大きさは

$$\langle j_{ns}^2 \rangle = 2e^2 N_{av}\, \delta f = 2e j_{av}\, \delta f \tag{13.3}$$

で得られる。ここで，$j_{av}=eN_{av}$ は平均電流，$\langle\ \rangle$ は統計的平均操作を表す。

式(13.3)は次のことを意味している。

① ショット雑音は周波数によらず一定値となる**白色雑音**（white noise）である。
② 雑音の大きさは平均電流値 j_{av} と電気素量 e の積に比例している。
③ 雑音の大きさが電気素量に比例するということは，ショット雑音がキャリアの粒子性に起因していることを表している。

(2) 熱 雑 音

光検出器の出力は，外部に接続された負荷抵抗の両端における電圧変化として取り出される。この電気抵抗中で電気伝導を担っているのは自由電子等のキャリアである。電荷を有するキャリアが，温度により熱統計力学的な不規則運動を行っているため，抵抗両端に不規則な電圧変動が引き起こされる。これにより，外部回路を流れる電流も不規則に変動する。これが**熱雑音**（thermal noise）であり，**ジョンソン雑音**（Johnson noise）とも呼ばれる。

インダクタンス L と抵抗 R をもつ直列閉回路に，時間的に変動する電圧 $v(t)$ の電源が接続されている場合，まずこの回路中を流れる雑音電流 j_n を求める。さらに，熱平衡状態のもとでの熱統計力学的な等分配則を用いて得られる，電気的雑音と熱エネルギー $k_B T$（k_B：ボルツマン定数，T：絶対温度）との等価関係，$L\langle j_n^2 \rangle/2 = k_B T/2$ を利用する。そうすると，雑音起電力 v_{nt} の2乗平均が

$$\langle v_{nt}^2 \rangle = 4 k_B T R\, \delta f \tag{13.4}$$

で得られる。

積 $\omega_n L$ (ω_n：角周波数) が R に比べて無視できる程度の低周波領域を想定する。このとき，周波数帯域幅 δf に含まれる熱雑音の大きさが，定電流源表示で

$$\langle j_{nt}^2 \rangle = \frac{4k_B T}{R} \delta f \tag{13.5}$$

と書ける。

式(13.4)と(13.5)が意味するところは次のようにまとめられる。

① 熱雑音の大きさは，絶対温度 T と周波数帯域幅 δf の積に比例する。電流表示では電気抵抗 R に逆比例し，電圧表示では R に比例する。
② 熱雑音を低減するには，周波数帯域幅を減じたり，光検出素子を低温にすればよい。前者のためには，狭帯域フィルタを利用して測定系を帯域制限すればよい。後者では，天体観測用素子が液体 He や液体 N_2 に浸されている例がある。

（3） APD での過剰雑音

APD では，光照射により空乏層で生成されたキャリアが，傾きが急なドリフト電界により衝突を繰り返して，キャリア数が増加する。この増倍機構が理想的な場合には，初期のキャリア発生に伴うショット雑音が，信号の電流増倍率 M と同じように増幅される。つまり，雑音電流が

$$\langle j_{ns}^2 \rangle = M^2 \, 2ej_{av} \, \delta f \tag{13.6}$$

で表される。

実際には，APD では電子とホールという2種類のキャリアの衝突電離で増幅される。2種類のキャリアのうち，たとえば電子のイオン化率 α がホールのイオン化率 β よりも十分大きければ，電子によるイオン化が優勢となるため，衝突電離が確率過程であっても，雑音の増倍率は M に近くなる。しかし，2種類のキャリアのイオン化率が近い値をとるようになると，電子とホールが逆向きに移動するため，キャリアの実効的経路が長くなる。そのために，新たなキャリアの発生過程で時間的な揺らぎ成分を生じやすくなる。つまり，実効的な雑音電流が電流増倍率 M 倍分よりも増加する。その結果，APD でのショット雑音は，

$$\langle j_{ns}^2 \rangle = M^{2+x} 2ej_{av} \delta f \quad : 0 < x < 1 \tag{13.7}$$

のように，理想過程よりも余分の雑音が付加される．ここで，x は**過剰雑音指数**（excess noise factor）と呼ばれる．

たとえば，Si-APD では $\beta < \alpha/10$，Ge-APD では $\beta \approx 2\alpha$ である．その結果，Si-APD の過剰雑音指数 x は 0.3 程度，Ge-APD での x は 1 に近い値となっている．

【演習問題】

13.1 波長 1.55 μm，光パワ 1 μW の光を量子効率 80% の pin-PD で受光するとき，流れる光電流を求めよ．

13.2 1.1〜1.6 μm 帯光検出器の種類と特性をまとめよ．

13.3 APD において電子とホールのイオン化率の違いが大きいほど，過剰雑音指数が小さくなる理由を説明せよ．

13.4 通信用光検出器での雑音の概要を説明せよ．

13.5 レーザや光検出器の材料として半導体がよく用いられる．それぞれの用途に要求される半導体材料特性の類似点と相違点を，素子特性と関連づけてまとめよ．

第14章

光信号の変復調と検波

　通信の目的は，送信者の意思（情報）を受信者に誤りなく伝えることである。そのため，送信者と受信者が予め変化のさせ方（符号）を約束しておくと，受信者は受け取った符号を情報として認識できる。符号をのせるためには符号をのせるもとの波動が必要になり，これを**搬送波**（carrier）という。送信側で搬送波に送りたい信号をのせることを**変調**（modulation），受信側で変調信号から信号を取り出すことを**復調**（demodulation）という。変復調装置を合わせて**モデム**（MODEM：modulator and demodulator）と呼ぶ。

　本章では変復調技術でも，特に光波固有の技術を中心に紹介する。ディジタル変調法の原理や利点を説明した後，音声・画像のディジタル化や帯域圧縮にふれる。後半では，光ファイバ通信で用いられている変調・検波方式の信号対雑音比を説明した後，光ヘテロダイン・ホモダイン検波など，光検出の感度をさらに向上させる方法について述べる。

§14.1　変調方式

　光ファイバ通信で用いられている変調方法はディジタル変調法なので，本節ではアナログ変調法にはふれないこととする。

（1）　変調の意義

　Shannon の第一基本定理は『エントロピー H [bit/記号] をもつ情報源と，通信容量 C [bit/s] をもつ伝送路があるとき，この情報源を適切に符号化することによって，平均速度 $C/H-\varepsilon$ [記号/s] で記号を伝送することができる。しかし，いかなる変換器を用いたとしても，C/H [記号/s] より高速で記号を伝送することは不可能である。ただし，ε は任意の微小な正数を表

す。』というものである。

　Shannonの基本定理が意味するところは，適切な変調法を用いると，通信路がもつ通信容量を最大限に活かして情報を伝送することができることである。しかし，具体的な変調の実現方法は示していない。

　変調方法には，後述するように色々な方法が考案されており，万能のものはない。信号を伝送路で伝搬させると，伝搬途中での様々な雑音要因により，波形が歪む。雑音の性質は用いる伝送路に依存するので，変復調方式は信号誤りが少なくなるように，伝送路の特性に応じて使い分ける。伝送路雑音で生じる誤り率を低下させるためには，信号に冗長度が必要となる。そのため，ある伝送速度を維持するためには，Shannonの基本定理から予測できるように，大容量伝送路が必要となる。光ファイバは広帯域なので，この面からも望ましい。

（2） ディジタル変調法の特徴

　情報を"1"と"0"の信号列に置き換える変調法を**ディジタル変調**という。ディジタル変調では，一定時間間隔毎に信号の有無だけを判別する。受信側では，信号強度が判定レベルより上であれば信号を"1"，判定レベルより下であれば信号を"0"とみなす。したがって，伝送路に雑音があって波形が変化したとしても，判定レベル以内の変動であれば，送出信号を正確に判別できる利点がある。ディジタル変調では，2値のみを判別すればよいので，雑音の影響を受けにくい。

　ディジタル化することにより，マルチメディアのように多種類の情報を送信

表 14.1　ディジタル化の利点

特　徴	効　果
雑音に強い	中継器に要求される性能がアナログに比べてはるかにゆるやか（経済的），画像の経年劣化なし
音声，画像，データなどの異種情報の一括的取り扱い可能	マルチメディア化への適合性
誤り訂正が可能	通信品質やデータの信頼性向上
データの加工が容易	柔軟な処理が可能
帯域圧縮が可能	帯域の節約，人間の視聴覚特性の利用
時分割多重通信が可能	伝送路の時間的有効利用
LSI技術との整合性良好	低価格

する場合でも，2値信号に置き換えると，いずれの情報も同じように扱えるので，システム構成が簡単になる．また，ディジタル化により，後述する多重化や交換が簡単に行えるようになるなどの特徴をもつ．ディジタル化の利点を表14.1に示す．その反面，欠点としては，信号をメモリに蓄積して処理するため，伝送遅延時間が増加することがあげられる．

（3） ディジタル変調での符号化

アナログ情報をディジタル情報に変換するには，図14.1に示すように，まずアナログ情報の振幅や強度を適当な時間間隔毎に切り出す必要がある．このような離散化過程を**標本化**（sampling）という．この際，周波数帯域が w に制限されたアナログ情報を正確に再現するためには，**標本化定理**（sampling theorem）により，標本間隔 Δt を $1/(2w)$ 以下にとる必要があり，定めた値を標本値という．

ある特定の時間に切り出した振幅や強度の連続量を，有限個の振幅レベルに変換する方法を**パルス符号変調**（PCM：pulse code modulation）という．連続量を有限個のレベルに変換する過程を**量子化**（quantization）という．通常，2^n 個のレベルに分け，標本値の大きさを2進数で表し，符号"1"と"0"をパルスの有無に変換する．量子化により，連続量が有限個の階段値となるから，この量子化信号は誤差を含むことになる．これを**量子化雑音**（quantizing noise）という．

パルス符号変調つまり PCM では，標本化と量子化により，アナログ情報か

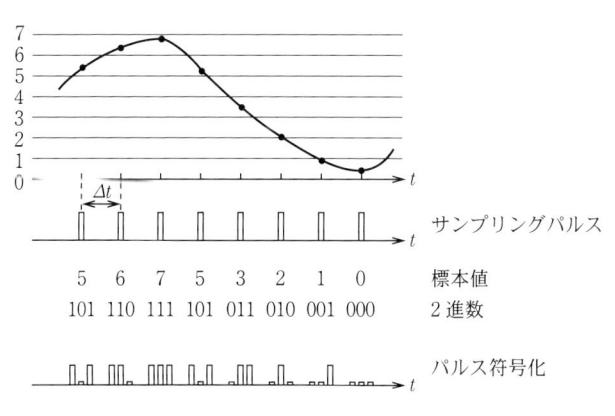

図 14.1 パルス符号変調（PCM）の原理

ら"0"と"1"の2進符号（binary code）列を作り出し，これを送信する。

　量子化過程で階段を等間隔に区切った場合，信号の大小によらず誤差は一定とみなせる。したがって，信号レベルの低いところでは，*SN* 比が減少する。区切りを小さくすれば *SN* 比が上昇するが，多くのビット数を必要とする。そこで，一定のビット数のもとで *SN* 比をあげるため，低い振幅レベルでの幅を細かくとり，振幅の増加とともにレベルを粗く分解して，有限の符号を有効に利用することがある。このような操作を信号の圧縮と伸張という。圧縮・伸張には対数特性が利用される。

（4）伝送路符号形式

　前項はディジタル変調の原理を述べたものであり，伝送路として光ファイバを使用する場合に適した伝送路符号形式を検討する必要がある。

　伝送路符号形式を決める場合の基本的考え方は次の通りである。

① "0"または"1"の一方だけが多数連続した場合に，受信側でタイミング抽出ができなくなるので，これを避ける。
② 送信信号がベースバンド伝送帯域内で送れるか。
③ 低周波成分は，中継器給電用トランスで遮断されて歪みが増加するので，低周波成分が少ない符号が望ましい。
④ 符号間干渉などによる符号誤りを検出し，誤り訂正できること。

　図14.2に光ファイバ通信で使用される伝送路符号形式を示す。**単極 NRZ**

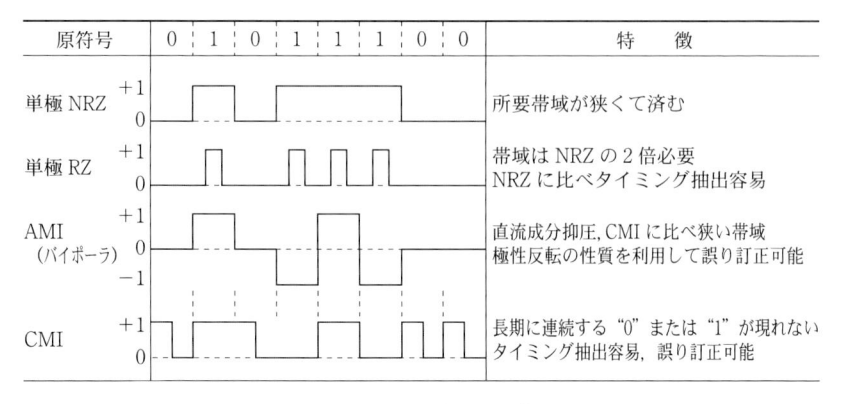

原符号	0 1 0 1 1 1 0 0	特　徴
単極 NRZ		所要帯域が狭くて済む
単極 RZ		帯域は NRZ の2倍必要 NRZ に比べタイミング抽出容易
AMI（バイポーラ）		直流成分抑圧，CMI に比べ狭い帯域 極性反転の性質を利用して誤り訂正可能
CMI		長期に連続する"0"または"1"が現れない タイミング抽出容易，誤り訂正可能

図 **14.2**　伝送路符号形式

(non return-to-zero) では，符号"1"と"0"に応じてそれぞれ相対振幅"1"と"0"を出力し，"1"または"0"が連続する場合は，同じ振幅レベルを維持し続ける．これに対して，**単極 RZ**（return-to-zero）では，符号"1"と"0"に応じて相対振幅"1"と"0"を出力する部分は同じであるが，符号"1"の場合にタイムスロット幅中で必ず"0"レベルに戻る．RZ では，必ず"0"レベルに戻る分，NRZ に比べて 2 倍の帯域を必要とするが，連続する"1"からタイミングを抽出する場合には有利となる．

AMI（alternative mark inversion）符号では，"＋"，"0"，"－"の 3 レベルを使用する．"0"のときは"0"レベルを送り，"1"のときは"＋"と"－"を交互に送る．これでは"1"がくるたびに極性が必ず反転するので，バイポーラ（bipolar）と呼ばれる．AMI では直流成分が抑圧される利点がある．

誤り訂正を行うためには，光ファイバの広帯域性を利用した冗長化 2 値符号が使用される．**CMI**（code mark inversion）符号では，符号"0"を"10"で出力し，符号"1"はそれが出現するたびに"00"と"11"を交互に出力する．このように余分な符号を追加することにより，タイミング抽出が容易となり，かつ誤り訂正が可能となる．

§14.2　音声・画像のディジタル化

人間は五感を通して情報を受け取るが，それらのうち画像情報や音声が大きい．本節で，これらをディジタル的に送信する場合に必要な情報量を見積もる．

音声は可聴周波数が 20 Hz～20 kHz である．音楽を鑑賞する場合と違って，電話の場合，音声情報が誤りなく伝わればよいので，最大送信周波数を 4 kHz にして帯域を節約している．最大周波数までをディジタル的に送信するには，標本化定理により，少なくとも $1/(2\cdot 4\cdot 10^3) = 125\,\mu\text{s}$ 間隔で標本化しなければならない．音声レベルを 8 ビット（＝1 バイト：byte）で分解している．よって，毎秒当たりの音声データ量は

$$8\times(2\cdot 4\cdot 10^3) = 64\,\text{キロビット}\,(64\,\text{kbps}) = 8\,\text{キロバイト}$$

となる．

画像情報の帯域は 4～6 MHz 程度である．画像情報をディジタル化する場合，1 画面（フレーム）を横 352×縦 288 の微小区画に区切る（図 14.3 参照）．

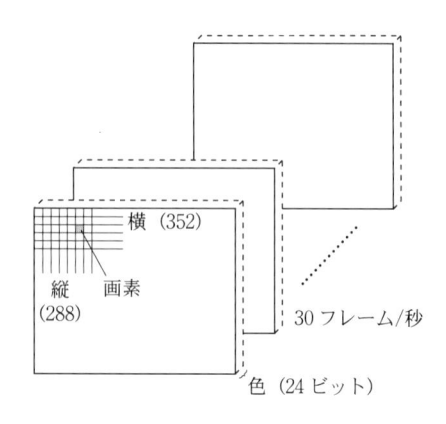

図 14.3 画像情報のディジタル化

この微小区画を**画素**（pixel）という．フルカラー画像の場合，1 画素を 24 ビット（＝3 バイト＝1670 万色）で符号化する．現在のテレビやビデオは毎秒 30 フレームの画像を送っている．よって，毎秒当たりのデータ量は

$$24 \times 352 \times 288 \times 30 = 73.0 \text{ メガビット} (73.0 \text{ Mbps}) = 9.1 \text{ メガバイト}$$

となる．画像情報の方が音声より約 3 桁，多くの伝送容量を必要とすることがわかる．廉価版装置の場合，1 画素を 8 ビットで符号化しているものもある．

　画像情報，特に動画を伝送するには多くの帯域を必要とするので，所要帯域幅を減らす工夫がなされている．人間の視覚特性では，低周波成分に対しては敏感であるが，高周波成分に対しては鈍感であるので，高周波成分を減らしても視覚的にはあまり問題がない．また，画面全体が時間的に変化することもあるが，列車のように，背景がそのままで画面の一部だけが変化する場合も多い．この場合は，変化のある部分のデータのみを伝送すればよい．前の画面との変化分だけを符号化し，転送する方法を**フレーム間予測符号化**という．

　このように，画質を視覚的に許容できる範囲内で落とし，所要帯域を減じることを**帯域圧縮**（image compression）といい，これもディジタル化の利点と考えることができる．帯域圧縮の原理から予測できるように，動きが激しく，輝度変化の大きな画像では，帯域圧縮した画像がアナログ画像の質を下回ることがある．

　静止画像の圧縮方式として JPEG（joint photographic experts group：ジェイペグ），動画の圧縮方式として MPEG（moving picture experts group：エムペグ）がある．MPEG では帯域を 1/100〜1/15 程度に圧縮することができ

§14.3　各種光検波方式の信号対雑音比

　光ファイバ通信では近赤外領域が使用されるので，この波長帯で高感度を示す光検出器が用いられる。代表的なのは pin フォトダイオード（pin-PD）とアバランシュフォトダイオード（APD）である（第13章参照）。この節では，まずこれらを用いて光を直接検波した場合の信号対雑音比（*SN* 比）を説明する。次に，さらに *SN* 比を向上させる方式として光ヘテロダイン・ホモダイン検波を説明し，最後に光の検出限界やこれらの *SN* 比を比較する。

（１）　pin フォトダイオードや APD による直接検波

　直接検波方式の基本構成を図 14.4(a)に示す。光が受光素子に入射すると，光電変換されて電気信号となる。これをベースバンド増幅器で増幅した後，誤り率が少なくなるように，波形を整える。波形整形する装置を**等化器**（equal-

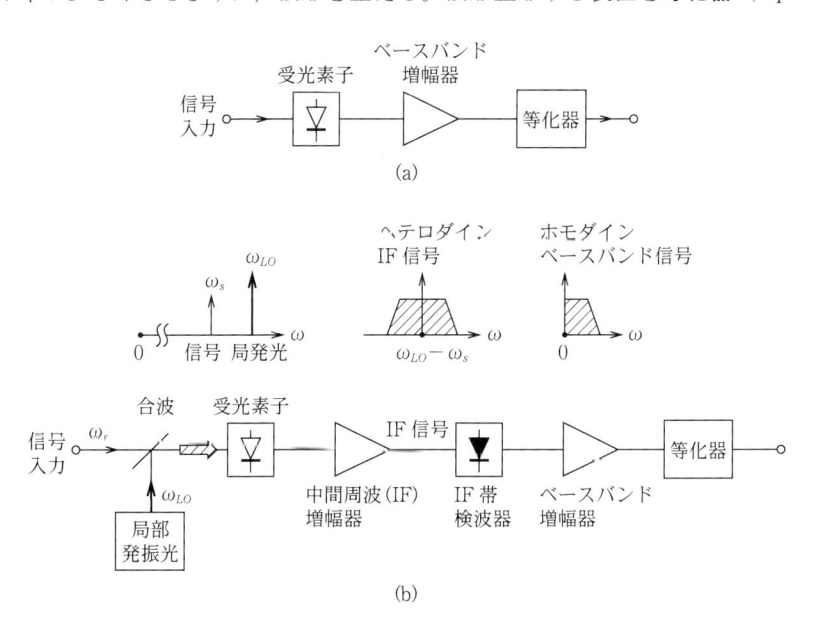

図 14.4　光検波方式の基本構成
　　　　(a) 直接検波　(b) ヘテロダイン・ホモダイン検波
　　　　　　ホモダイン：$\omega_{LO} = \omega_0$

izer）という．

　パワ P_s の信号光を pin フォトダイオードやアバランシュフォトダイオード（APD）などの受光素子（量子効率：η）で直接検波する．このとき，pin-PD では大きさ

$$j_s \equiv \frac{\eta e P_s}{\hbar \omega} \tag{14.1}$$

の信号光電流が流れる．ただし，e は電気素量，$\hbar\omega$ は光子1個のエネルギー，$\hbar \equiv h/2\pi$，h はプランク定数である．一方，APD では電流が M 倍に増倍されて，大きさ Mj_s の信号光電流が流れる．ここで，M は APD の電流増倍率であり，pin-PD のとき $M=1$ とおけば，両受光素子が同時に扱える．

　信号光電流以外に外部からの光入射がなくても，暗電流と呼ばれる一定の微小電流 j_d が検出器中を流れている．よって受光素子では，電流和 $M(j_s+j_d)$ に起因するショット雑音と熱雑音が発生する．したがって式(13.3)，(13.7)，(13.5)を用いて，pin-PD（$M=1$）または APD を用いたときの SN 比が

$$S/N = \frac{M^2 j_s^2}{2e(j_s+j_d)M^{2+x}B + 4k_\mathrm{B}TB/R} \tag{14.2}$$

で表される．ただし，x は APD における過剰雑音指数，R は検出回路の負荷抵抗，T は温度，B は受信系の帯域幅である．分母第1項目がショット雑音，第2項目が熱雑音である．

　pin-PD で信号対雑音比を上昇させる方法として，①暗電流 j_d を小さくする，②低温にする，③帯域幅 B を狭くする，④回路抵抗値 R を大きくする，などがある．①は光検出器の素子性能で決まる．②は受光素子の設置される環境で決まり，③は受信系回路で決まる．④は検出回路設計で調整が可能であるが，応答時間が抵抗値 R に比例して制限を受けるので，R はあまり大きな値に設定することができない．受信限界に近い微弱光を受ける場合には，電流に比例するショット雑音が小さくなるので，熱雑音が雑音の主成分となる．

　APD では，ショット雑音は信号電流増倍分以外に，過剰雑音指数 x の分がさらに付加される．式(14.2)の分母第1項目は増倍されたショット雑音を表す．

　APD の電流増倍率 M が小さいときは熱雑音が主雑音となるため，増倍に伴う過剰雑音があっても，信号だけが増幅されて SN 比が改善される．増倍率 M がさらに増加すると，ショット雑音が主たる雑音源となる．このときは

過剰雑音が効いて，SN 比が減少する．よって，SN 比を最大にする最適増倍率 M_{opt} が存在するはずである．SN 比が最も大きくなるのは，増倍されたショット雑音と熱雑音が等しくなる場合である．つまり，最適電流増倍率は

$$M_{\mathrm{opt}} \doteqdot \left\{ \frac{2k_{\mathrm{B}}T}{e(j_s+j_d)R} \right\}^{1/(2+x)} \tag{14.3}$$

と表せる．式(14.3)が意味するところは，信号光電流値 j_s を制御することにより，最適増倍率 M_{opt} が達成できることである．

（2） 光ヘテロダイン・ホモダイン検波

光ヘテロダイン検波（heterodyne detection）は，図 14.4(b)に示すように，角周波数 ω_s の信号光と同時に，異なる角周波数 ω_{LO} でかつ信号光より振幅が十分大きな**局部発振光**（局発光：local oscillator）を受光素子に入射させる方式である．信号光と局部発振光の瞬時複素振幅をそれぞれ

$$E_s = \sqrt{P_s(t)} \exp(i\omega_s t), \qquad E_{LO} = \sqrt{P_{LO}} \exp(i\omega_{LO} t)$$

で表す．ただし，$P_s(t)$ は信号光パワ，P_{LO} は局発光パワである．このとき，2 乗検波特性の検出器に流れる光電流の大きさは

$$\begin{aligned}|\sqrt{P_s(t)} \exp(i\omega_s t) + \sqrt{P_{LO}} \exp(i\omega_{LO} t)|^2 \\ = P_s(t) + P_{LO} + 2\sqrt{P_s(t)P_{LO}} \cos\{(\omega_s - \omega_{LO})t\}\end{aligned} \tag{14.4}$$

となる．

式(14.4)で局発光パワ P_{LO} が十分に大きければ，信号光パワ $P_s(t)$ が無視できる．第 3 項は信号光と局発光のビート成分であり，$(\omega_s - \omega_{LO})$ は中間周波数（IF：intermediate frequency）と呼ばれる．局発光周波数 ω_{LO} を信号光周波数 ω_s に近い値にしておくと，IF は光周波数よりもはるかに低くなる．回路に第 3 項のビート成分周波数だけを通すフィルタを設置すると，回路には $\sqrt{P_s P_{LO}}$ に比例した電流が流れる．IF 信号が $|\omega_s - \omega_{LO}|$ の周波数上にのっているから，受信帯域は IF の両側の側波帯となり（図 14.4(b)参照），IF 成分は局発光パワを大きくすることで増大できる．IF 成分は信号光と局発光のビート成分だから，光ヘテロダイン検波ではコヒーレント光が不可欠となる．

光ヘテロダイン検波の特別な場合として，$\omega_s = \omega_{LO}$ のときを**光ホモダイン検波**（homodyne detection）という．この場合は，IF が直流となり，直接ベースバンド信号が得られるため，受信帯域は信号帯域でよい．光ホモダイン検波での SN 比は，信号電流の 2 乗平均をとって

$$S/N = \frac{(\eta e/\hbar\omega)^2 P_s P_{LO}}{2e(\eta e P_{LO}/\hbar\omega + j_d)B + 4k_B TB/R} \tag{14.5}$$

で得られる。ただし，B は信号の受信帯域である。

　局発光パワを十分に大きくすると，熱雑音が遮蔽され，ショット雑音が優勢となる。このような理想的な光ホモダイン検波での SN 比は

$$S/N = \frac{\eta P_s}{2\hbar\omega B} \tag{14.6}$$

となり，pin-PD と APD のいずれでも同じ SN 比が得られる。雑音スペクトルが平坦な場合，光ヘテロダインの受信帯域は光ホモダインの場合の2倍となって雑音が増加するから，光ヘテロダイン検波の SN 比はホモダインの(1/2)倍となる。

　光ヘテロダイン・ホモダイン検波の利点は次のようにまとめられる。

① 中間周波数（IF）成分が局発光パワ P_{LO} の平方根に比例するから，局発光パワを大きくして微弱信号の増幅が行える。
② 局発光パワの増大により SN 比が改善されるため，受信感度が向上する。
③ 光周波数・位相変調が使用でき，周波数シフトキーイング（FSK）や位相シフトキーイング（PSK）との併用が可能となる。
④ 中間周波数（IF）帯における電気回路での波形処理が可能であるため，電気回路への負担が少ない。
⑤ 周波数幅が狭いために，IF 帯における電気回路で狭フィルタを利用することにより，周波数多重化が行え，多チャネルがとれる。

（3） 量子検出限界

　検出過程に依存した各種雑音がなく，量子効率が $\eta=1$ の理想的な光検出でも，光の量子性に起因したショット雑音は除去できない。ショット雑音のみをもつとき，すなわち**量子検出限界**（quantum detection limit）での SN 比は

$$S/N = \frac{P_s}{2\hbar\omega B} \tag{14.7}$$

で得られる。

　量子検出限界での SN 比は，理想的な光ホモダイン検波の場合の式(14.6)で，量子効率を $\eta=1$ として得られる。また量子検出限界は，式(14.2)におけ

る APD の場合で $\eta=1$，電流増倍率 M を無限大とし，かつ過剰雑音が零，すなわち過剰雑音指数が $x=0$ のときにも達成可能である．

（4） 各種検波方式での SN 比の比較

以上で述べた，pin フォトダイオードや APD による直接検波，光ヘテロダイン・ホモダイン検波，量子検出限界で達成できる SN 比を比較する．図 14.5 は横軸を信号光パワ P_s として各種方式での SN 比をプロットしたものである．局発光パワが十分大きくされているため，上の議論から予測されるように，ホモダイン検波での SN 比は量子検出限界に近い値を示している．ヘテロダイン検波での SN 比は，ホモダイン検波の場合の値の約半分である．信号光パワが十分大きくなると，pin-PD による直接検波とホモダイン検波との SN 比の差異がなくなる．その理由は，信号光パワの増大とともにショット雑音が優勢となり，かつ pin-PD は過剰雑音をもたないからである．APD による直接検波では，電流増倍率があまり大きくとれず過剰雑音もあるので，量子検出限界を実現するのは困難である．pin-PD と APD による直接検波では，入力光パワの大きさにより優位性が変わる．その分岐点は負荷抵抗の大きさに依存する．

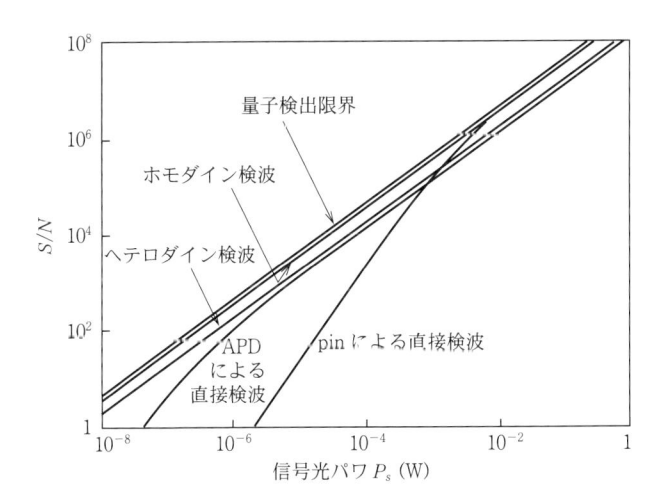

図 **14.5** 各種光検波方式の SN 比の比較
$\lambda=0.85\,\mu\text{m}$, $B=1\,\text{GHz}$, $\eta=0.8$, $j_d=0.1\,\text{nA}$, $R=50\,\Omega$
光ヘテロダイン・ホモダイン検波での局発光パワ $10\,\text{dBm}$

【演習問題】

14.1 信号をディジタル化する利点と欠点をまとめよ．

14.2 パルス符号変調について次の点を説明せよ．
① 基本原理，② 利点，③ 問題点とそれを解決するための工夫

14.3 画像信号を送信するには多くの伝送帯域を必要とする．伝送帯域を削減するため，どのような点に着目してどのような工夫がなされているか説明せよ．

14.4 APD は pin-PD に比べて雑音が多いにもかかわらず，光通信に使用されている理由を説明せよ．

14.5 量子検出限界における SN 比について次の問いに答えよ．
① 式(14.7)を導け．
② 波長 $1.55\,\mu\mathrm{m}$，光パワ $1\,\mu\mathrm{W}$，帯域 $1\,\mathrm{GHz}$ の信号を受光するとき，量子検出限界における SN 比を求めよ．

14.6 ヘテロダイン検波では直接検波方式に比べて，信号対雑音比が向上する理由を説明せよ．

第 15 章

ネットワークと交換技術

　通信需要が従来の電話回線から，データ網やFAX網，さらに電子メールに代表されるインターネットまで広がりを見せている。通信需要が増加すると，通信者同士をネットワークを介して，経済的にかつ効率よく相互接続する必要がある。ネットワークを効率よく使用するためには，交換や多重化などの概念が必要となる。また，光ファイバ通信技術の進展に伴い，ネットワークや交換技術が，従来とは異なる形で光ファイバ通信と密接な関係をもつようになっている。

　本章では先ず，これらの情報を扱うために必要とされる交換技術や多重化の概要を説明する。その後，異なる網間の統合や異機種システム間での通信に際して重要なOSI参照モデルを紹介する。後半では，情報通信ネットワークの基礎として具体的な各種交換方式を説明する。

§15.1　ネットワークの概要

（1）　交換の必要性

　1対1の通信を2人で行う場合，両者の間に糸電話のように1本の線を直接引けばよい。通信者が増加した場合，任意のN人が通信できるようにするには，$N(N-1)/2$本の線を張る必要がある。この方法ではNが大きくなると，必要とされる結線数がほぼN^2に比例して増加する。実用上は，必ずしも全員が同時に通信を行うことはないので，上記の方法では無駄な投資が多くなり，経済的ではない。

　多数が通信を行う場合，通常はN人の内の何人かだけが通信したいはずである。したがって，一部の伝送路や設備を共用すれば経済的となる。そのためには，つなぎ換えが必要となる。図15.1に示すように，通信したい者同士を

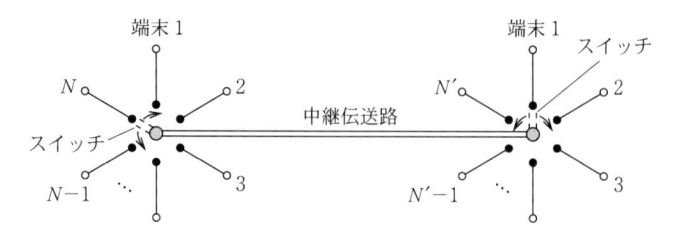

図 15.1　交換の原理

結ぶ通信路の途中に，適当な人数毎にスイッチを設置しておき，通信の要求に応じて接続を切り替えることにすればよい。このような操作を**交換**（switching）という。

交換の機能として次の点があげられる。

① 通信したい者同士を接続する。
② 通信需要に応じた通信設備を用意しておくだけで済むため，経済性が向上する。しかし，地震やその他の理由で需要が突発的に増加したときは，通信が途絶える恐れがある。

（2）信号の多重化

家庭やオフィスで発生した多くの情報（たとえば，電話での通話）を遠隔地へ送信する場合，同一方向へ転送するものはまとめた方が効率的である。多くの情報をいったん1つに束ねて別の信号にし，伝送路を通して転送することを**多重化**（multiplexing）という。束ねた情報を元の個別の情報に戻すことを**逆多重化**（demultiplexing）という。**多重化装置**をマルチプレクサ（multiplexer），**逆多重化装置**をデマルチプレクサ（demultiplexer）という。多重化の具体的内容については，§15.3 で説明する。

多重化や逆多重化を宅配便に置き換えると次のように説明できる。各家庭やオフィスから発生する配送要求に応じて，少ない荷物の配送用に宛先別にいちいちトラックを仕立てていては不経済である。多重化は，宅配便の集荷場所のように，家庭などからの荷物を小型車で集荷してまず方面別に整理して，同じ方面行きの大型トラックに乗せる作業に相当する。逆多重化は，各方面から配送されてきた大型トラックを集荷場所に集め，そこで下ろした荷物を各家庭やオフィスに小型車で送り届けることに相当する。

（3） ネットワーク

多くの人々の情報を相互に結び付け，伝達するための仕組みを**ネットワーク**という。情報をネットワーク上で扱うには，① いつでも，どこへでも通信できること，② 情報を間違いなく宛先へ送ること，③ 送受信者が双方向で情報をやりとりできることなどが重要となる。情報伝達に関し，電話のように実時間での情報のやりとりが求められる場合や，遅延があっても情報を単に宛先へ正確に送るだけでよい場合がある。このような要求の違いにより方式が異なる。

電話網ではより多くの人が効率よく利用するため，図 15.2(a) に示すように，交換システムは，加入者（ユーザ）端末を直接交換する加入者交換システムと，中継伝送路相互間の接続を行う中継交換システムからなり，両者は階層構造をしている。中継交換システムはさらに複数の階層をなしている場合が多く，特に通信量が多い区間に対しては，効率を高めるため，図示するような斜め回線が設定される場合がある。

一方，電子メールに代表されるインターネットでは，複数のネットワーク同士を相互接続している。この際，電話網のような階層型ではなく，フラットなネットワーク構造をしている（図 15.2(b) 参照）。これは，① 個々のネットワーク毎の運用，管理が可能になるという特徴を有している。したがって，② 技術の進展に伴う内容変更，規模の拡大が容易となる。

図 15.3 に現在の光ファイバを用いた通信ネットワークの概要を示す。利用者から発生した情報（電話などの呼）は，交換装置を介して宛先別，あるいは方面別に振り分けられる。ここまでは電気レベルで処理されるので，光信号に変換するため，電気/光変換（E/O）するのに半導体レーザを使用する。ここ

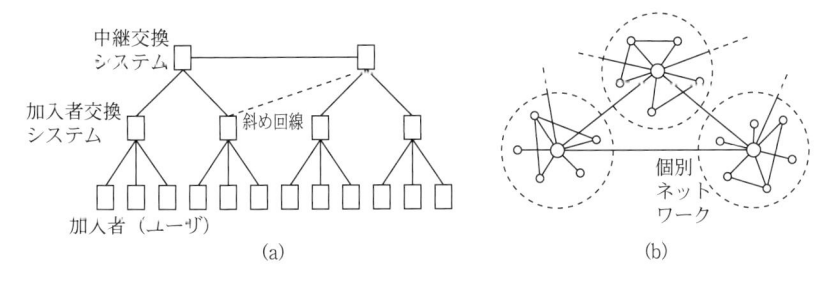

図 15.2 代表的ネットワークの概略
(a) 階層型 　(b) フラット型

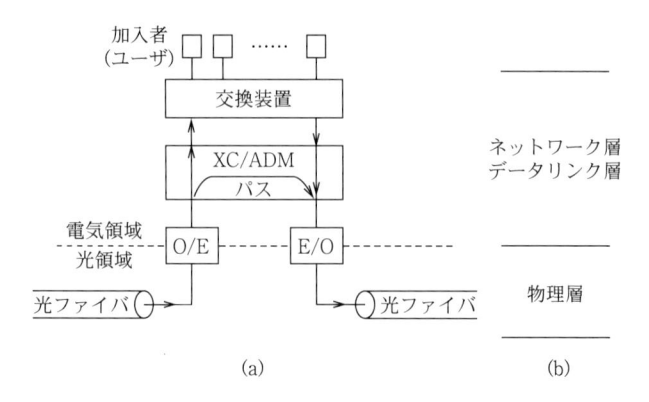

図 15.3 光ファイバを用いた通信ネットワーク
(a) 電気・光技術の役割分担　(b) OSI 参照モデルとの対応
XC：クロスコネクト装置，ADM：分岐・挿入装置

からがいわゆる光ファイバ通信である（図(a)中の右下）。

　一方，光ファイバを介して送信されてきた光信号（図(a)中の左下）は，光電変換するのに光検出器が使用される。中継局が単なる通過局になるときは，情報は宛先により判断されパスを通して次の方面に向かう。この中継局管轄の利用者に情報を送るときは，交換装置を介して宛先の利用者に情報を届ける。

　図 15.3 中の **ADM**（add-drop multiplexer）とは，入線の各回線毎に宛先に振り分ける，分岐・挿入装置である。**XC**（cross connect）とは，複数の入線と出線があるとき，全体を一度で宛先別に振り分けるという回線編集機能をもつ装置である。現在，交換機能は電気レベルで行われている。

　複数の搬送波長を1本の光ファイバで送るという，光波長多重技術（§16.3(2)参照）の進展に伴い，波長を宛先に対応させることにより情報を送受信するという，フォトニック（光波）ネットワークの概念が誕生した。従来の光ファイバ通信が関与してきたのは，図 15.3(b)に示すように，後述するOSI 参照モデルの最下層である物理層だけであった。これに対して，フォトニックネットワークでは，OSI 参照モデルにおけるより上位層である，ネットワーク層やデータリンク層での機能が光レベルでも行われようとしている。そのため，ネットワークや交換技術が，光ファイバ通信との関連においても密接な関係をもつようになっている。

§15.2 ネットワークの階層化モデル

電話網，データ網，FAX網などのネットワークは各網毎に独立に発展してきたために，通信を行う規約がそれぞれで異なる。これらをディジタル網で統合するには，各網での通信機能を共通の概念のもとで整理しておくと便利である。

また，会社内でホストコンピュータを多人数で使用する場合，そこに閉じたネットワーク内で規約があれば問題はない。しかし，社会の発展に伴って，1つの高性能コンピュータやワークステーションを，ネットワークを介して遠隔ログインすることや，コンピュータ間でデータのやりとりをすることが要求されるようになってくると，状況が異なる。

局所的に設定されたネットワークを相互接続するには，異機種システム間で通信を行うための規約が必要となる。この規約を**プロトコル**（protocol）と呼ぶ。開放型システム間の相互接続のため，通信プロトコルのアーキテクチャを設計するための指標として，**OSI参照モデル**（Open System Interconnection Reference Model）が作成された。

（1） OSI参照モデルの概要

OSI参照モデルの目的は，各網毎あるいは各業界毎に発達してきた通信プロトコルの複雑な機能を，7つの階層に分けることにより，各レイヤ（層）での機能を単純化することである（表15.1参照）。

アプリケーション層からセッション層までの上位3層は，電話・データ・FAX網などの個別の応用に関係した機能を有している。ネットワーク層から物理層までの下位3層は，応用に依存しない，通信網での伝送機能を担っている。トランスポート層はエンド・ツー・エンドでの信頼性の高いデータ転送の管理を行っているので，下位層に属する。

各層間では，上位層の特定のサービス要求に対して下位層が確認をしたり，下位層の指示に対して上位層が応答する仕組みになっている。ユーザから特定のサービス要求があった場合，アプリケーション層の要求に対して，そのサービスを実行するために下位層が協力して，経路選択や中継を行い，伝送路を通して情報を物理レベルで受信側に転送する。受信側では受け取った物理レベル

表15.1 OSI参照モデルにおける各層の一般的機能

層の名称	一般的機能
アプリケーション層	各アプリケーション毎に規定
プレゼンテーション層	アプリケーション層で作成されたデータ表現を，ネットワークで使用可能な表現形式に変換 データの暗号化・解読処理，データの圧縮・伸張
セッション層	プレゼンテーション層からのデータ送信のための通信方式と同期処理の管理 コネクションの確立：通信路の確保とデータ送信の準備
トランスポート層	エンド・ツー・エンドでのデータ転送の信頼性を確保するための管理 誤り検出・訂正機能，転送順序回復機能，フロー制御，多重化
ネットワーク層	エンド・ツー・エンド間でデータ転送するための経路制御や中継機能 ネットワークアドレス制御，サービス品質制御，データ転送制御
データリンク層	通信媒体で直接接続された機器間でのデータ転送 フレームの送受信，そのフロー制御，誤り制御 ネットワーク層の機能が物理層の違いに依存しないように，この層で調整
物理層	物理的媒体上でのデータ転送を行うための物理的・電気的規格の規定 ビット列("1"と"0")と信号の変換 伝送路(光ファイバ，同軸ケーブル，撚り対線，無線など)の選択 各回線でのデータ伝送(符号化方式，同期方式，伝送速度，コネクタなどの選択)

の情報を，各層の協力を得て受信者が認識できるアプリケーションレベルのサービスに翻訳する。

　階層化の利点は，各層が独立に扱えるため，システムの拡張や変更に対して柔軟に対応できることである。欠点は，各モジュールで類似の処理が増加するため，処理が遅くなったり，無駄が生じることである。

（2） 具体的なプロトコル

　OSI参照モデルは各層での一般的機能の概要を定義しているだけである。具体的な機能はデータ通信，音声通信などの応用毎に異なり，業界標準プロトコルと呼ばれる，各通信市場を先導してきたプロトコルが多く存在する。

　実質的にインターネットの世界標準であるTCP/IP (Transmission Control Protocol/Internet Protocol) はTCPとIPを併記したものであり，前者

はトランスポート層に，後者はネットワーク層に対応するプロトコルである。TCP は送受間のデータ通信の信頼性を保証する機能を，IP は情報を宛先へ届けるルーチング機能を有している。IP では予め送受間の接続を設定しないで，IP アドレスを基に，隣接 LAN 間を順次転送しながら経路を選び，最終的に目的の LAN に情報が到達するようになっている。

物理層の役割は，送信情報と 2 進符号であるビット列（"1" と "0"）との変換を行うことである。そのため，伝送路の選択，符号化方式の選択，伝送速度の決定などを行う。伝送路として，光ファイバ，同軸ケーブル，撚り対線，無線などのうちから選択する。従来の光ファイバ通信は，OSI 参照モデルにおける物理層だけに関係していたので，同軸ケーブルや無線の代替手段に過ぎなかった。

しかし，§16.3 で述べる光波長多重通信は，光レベルでネットワーク層やデータリンク層の機能も担うという点で，同軸ケーブルや無線と本質的な違いをもっている。つまり，中継機能や信頼性の高いデータ転送の管理も光レベルで行う必要があるため，これらに適した光回路素子，ネットワーク構成が必要になる。当然，これらに適したプロトコルの開発が不可欠になる。

§15.3 各種交換方式

交換方式とは，通信ネットワーク上で具体的に通信路を設定する仕組みのことである。電話は 1 対 1 の双方向通信で，実時間処理が要求される。これに対して，インターネットは 1 対 N の通信であり，多少の遅延が許容される。それぞれの通信特性に応じた交換方式が利用されている。

現在使用されている交換方式として，電話網で採用されている回線交換，インターネットなどのデータ網に適したパケット交換，各種サービスに対して同時に対応することを目指した ATM 交換がある。いずれの交換方式でも，多重化と逆多重化の操作を含んでいる。次にこれらの交換の基本構成や特徴と相互関係について説明する。

（1）回線交換

電話網では端末間を結ぶ通信路を「**回線**」と呼ぶ。回線交換の特徴は，通信開始時に 1 本の通信回線を確保し，通信終了時までその回線を専有して使用す

ることであり，エンド・ツー・エンドで通信設備を確保する。

　回線交換の基本構成を図 15.4 に示す。回線交換では，時間軸上で**フレーム**を単位とし，各フレームには複数（図の例では 24 個）のタイムスロットを設ける。1 タイムスロットは 1 人分の音声信号に対応し，1 フレーム当たりに収めることができるタイムスロットの総数（上限）が送信できる人数分に相当する。時系列信号に変換された特定の通話者の情報は，多重化装置で時系列順にフレームに分割される。また，複数（図の例では 24 人分に相当）の通話者の情報は，1 フレーム内に順次割り振られ，時間軸上で多重化される。このような方式を**時分割多重**（time division multiplexing）という。この方式では，網全体を同期して一定の速度でデータを転送する必要があるので，**同期転送モード**（STM：Synchronous Transfer Mode）と呼ぶ。

　各フレームは先頭の 1 bit（F ビットと呼ばれるフレーム同期信号）と 24 タイムスロット（8 ビットの情報のかたまりで，24 人分の音声信号に対応）の合計 193 ビットからなる。各ビットを 125 μs で標本化すると，このシステムの伝送速度は $(8 \times 24 + 1)$ bit/125 μs = 1.544 Mbps となる。このようにしている理由は次の通りである。回線交換の主たる情報源は，音声である。音声は帯域 4 kHz なので，標本化定理により音声信号を 8 kHz（= 125 μs）で標本化し，1 標本当たり 8 ビットで量子化すると，1 通話者当たり 64 kbps の回線速度が必要となる（§14.2 参照）。

　この回線交換方式では，フレーム内の何番目のタイムスロットであるかによって情報を区別し，メモリから読み出す際に，時間軸上でタイムスロット毎の順序を変えることにより交換を行う（図 15.4）。

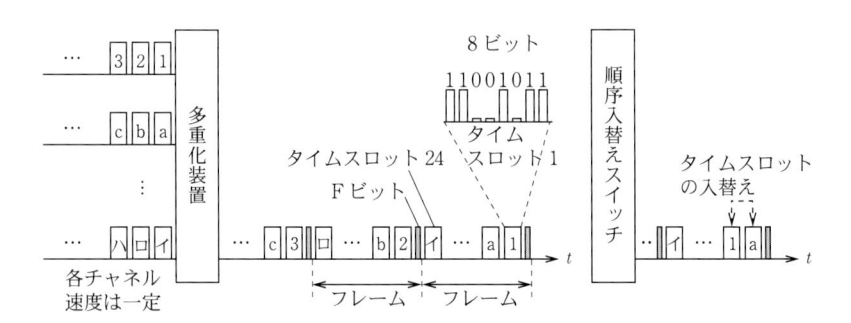

図 15.4 回線交換における基本構成

§15.3 各種交換方式

表 15.2 各種交換方式の比較

	回線交換	パケット交換	ATM 交換
基本構成	時分割多重 フレーム	パケット転送 パケット,蓄積交換	セル転送 セル
利点	実時間でのデータ転送可能（短い伝送遅延時間） 送受信側で同一クロックに同期 回線速度は 64 kbps が基本	必要時に必要量のパケットを送出可能 速度の異なる機器間の通信可能 高いデータ信頼性（パケット毎に誤り検出・訂正） 同時に複数の相手に送信可能	遅延や遅延変動量が保証可能（→実時間通信への応用可能） セルに優先順位の付与可能（→サービス毎の品質保証可能） ハードでの制御に適す（高速広帯域） 伝送速度はセルの送出頻度で可変
欠点	バースト性情報に対しては,回線の使用効率低下 複数相手との同時通信不可	伝送遅延有り（実時間通信への応用困難） データ長が短いとき転送効率低下 ソフトウェアへの負担大	1 つのセルが失われただけでも,情報全体を再送する必要有り

　回線交換の特徴は表 15.2 のようにまとめられる。伝送遅延時間が短く,通信品質が安定しているために,実時間でのデータ転送が可能である。送受信側を含め全体が 1 つのクロックに同期しており,これが同期転送モードの語源である。一方,データ通信のようにバースト的（瞬時に大容量）に発生する情報に対しては,回線の使用効率が悪くなる。また,同時に複数の相手と通信できない欠点がある。

(2) パケット交換

　パケット交換とは,情報を**パケット**（Packet）と呼ばれる可変長のデータ単位に分解し,これをメモリに蓄積したのち転送する方式である。この方式は,必要なときに必要な量のデータを転送するので,特にデータ通信などのように,バースト的に発生するトラフィックの転送に適している。

　パケット交換の基本構成を図 15.5 に示す。情報 A がまずパケットに分解され,順序番号が付けられる（A 1, A 2）。データ単位であるパケットは,ヘッダ,データ,トレーラの 3 つの部分からなる。**ヘッダ**部に識別子を入れること

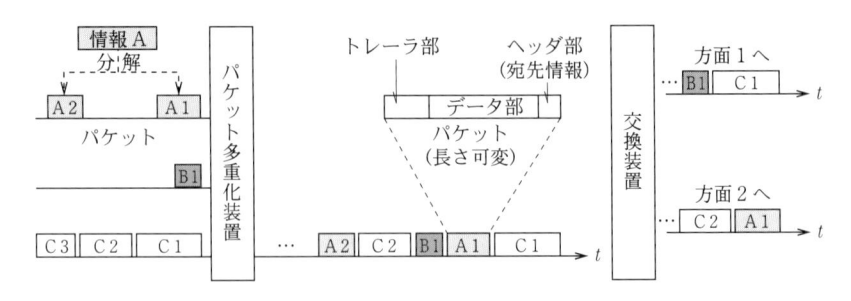

図15.5 パケット交換の基本構成

により宛先を判断させる。**トレーラ**部はパケットの誤り検出に利用されている。誤り検出が可能なためにデータの信頼性が高まり，データ通信に最適な交換方式となっている。

　複数の回線から入ってきた，長さが異なるパケットは，パケット多重化装置でいったん蓄積され，時間軸上で多重化された後，1つの回線に束ねられる。交換装置では，多重化されたパケットを宛先別に各回線に送り出す。分解された各パケットは空いている経路を選びながら転送されるので，パケット毎に遅延時間が異なる場合がある。受信側では情報を構成する全パケットが届いてから，順序番号に従って情報が再構成される。

　パケット交換システムは，バッファメモリとプロセッサから構成されており，**ストアアンドフォワード**という方式で情報が処理される。これは，パケットを一度バッファメモリに蓄積した後，情報を転送することを意味する。バッファメモリに蓄積された情報のうち，ヘッダの内容がプロセッサにより解析されて，受信者側の回線が見いだされ，その経路にパケットが転送される。この際，中継装置でパケットの受信が開始されたら，受信が終了するまでそのパケットは転送されない。したがって，パケット交換では遅延が必ず発生する。

　パケット交換の特徴は表15.2のようにまとめられる。必要なときに必要な量のパケットを送出することができるので，回線の使用効率が高くなり，経済性が向上する。蓄積方式で入線時の伝送速度と出線時の伝送速度を異ならせることができるため，速度の異なる機器間の通信が可能となる。パケット毎に誤り検出・訂正を行うので，データの信頼性が高い。パケット毎に宛先を変えられるので，同時に複数の相手に送信が可能である。この機能は電子メールの同報通信に使用されている。一方，自身のパケット長に比例した伝送遅延や，他

のパケットに依存した待ち時間による遅延が生じるため，会話など実時間通信への応用が困難である．パケットの宛先を示すヘッダ部が不可欠なので，データ長が短いときには転送効率が低下する．

（3） ATM 交換

　パケット交換での遅延を改善するため，情報量の多いデータを分解する際に，情報単位を**セル**（cell）と呼ぶ短い固定長のかたまりで交換するように工夫された．セル長53バイトのうち，経路情報を含むヘッダ部が5バイト，データ部が48バイトとなっている．この方式ではセルは任意の位置に存在することができて，1つひとつのセルが順次交換される．したがって，回線交換（STM）のように網同期を必要としないので，**ATM**（非同期転送モード：Asynchronous Transfer Mode）と呼ばれている．

　ATM 交換の基本構成を図15.6に示す．セル多重化装置に入ってきたセルは，伝送速度の速い回線に転送される．同時に到着するセルは，セル多重化装置で1セル分蓄積された後，回線に転送される．交換部分以降は，パケット交換と形式的にはほぼ同様である．

　経路情報を含むヘッダ部に，パケットヘッダのように受信者の宛先を直接指定するアドレスを入れると，多くのビットを必要とする．そこでATMでは，宛先を指定するのに必要なビット数を節約するため，転送先のポートだけを識別できる**コネクション識別子**（connection identification）を用いている．その結果，セルヘッダ内の識別子を3バイトにできた．

　入力ポートと出力ポート間のチャネル設定を書いた表をルーチングテーブル

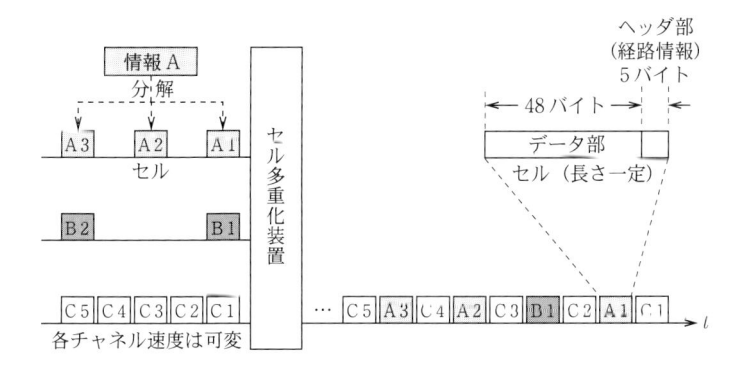

図15.6　ATM交換の基本構成

という．ATM 交換ではルーチングテーブルに従って，セルのコネクション識別子を判別して転送先ポートを順次選択して経路を進む．このような経路選択を**ルーチング**（routing）という．

ATM スイッチでは，非同期に転送されるセルの衝突を回避するため，待ち合わせ機能（**バッファリング**）や競合制御機能が不可欠である．

ATM は OSI 参照モデルにおけるデータリンクプロトコルに相当する．これは上位層の AAL（ATM Adaptation Layer）タイプ 1～5 と一緒に使用することにより，上述の回線交換やパケット交換と等価的に同じ機能を発揮することができる．したがって，ATM 交換は回線交換とパケット交換を包含した交換方式と考えることができる．

ATM 交換の特徴は表 15.2 のようになる．短い固定長のセルが利用できるので，遅延や遅延変動量が保証できる．また，セルに優先順位がつけられるので，サービス毎の品質を保証できる．よって，伝搬遅延に対して厳しい要求のある実時間通信への応用も可能となる．伝送速度はセルの送出頻度を変えることにより可変にできる．各セルの切れ目が一定なので，ハードでの制御に適する．よって，高速高帯域化が可能である．欠点は，1 つの情報を形成するセル群のうち，たとえ 1 つのセルが失われただけでも，情報全体を再送する必要があることである．

【演習問題】

15.1　通信ネットワークにおける交換・多重化の意義を説明せよ．
15.2　通信における OSI 参照モデルの意義を説明せよ．
15.3　OSI 参照モデルにおける物理層の役割を説明せよ．
15.4　回線交換，パケット交換，ATM 交換の概要を説明し，それぞれの利点と欠点を原理との関係において説明せよ．

第 16 章

光ファイバ通信技術とその応用

　この章では，まず現在使用されている代表的な光通信システムの基本構成を示し，今までの章で説明してきた構成要素との関係を再確認する。次に，光ファイバ通信技術の各方面への応用を紹介する。特に，公衆通信や LAN，特殊な状況で使用される光海底ケーブル通信特有の問題を詳しく述べる。最後に，将来の光通信システムとして期待されている，光波長多重通信，光ソリトン通信，コヒーレント光通信の概要を説明する。

§16.1　光ファイバ通信システムの標準構成

　これまでの章では，光ファイバ通信システムに使用される各構成要素を中心として紹介してきた。ここでは，システムの立場から光ファイバ通信を眺める。

（1）　PCM-IM 方式

　光ファイバ通信システムの概略を図 16.1 に示す。ディジタル方式として，パルス符号変調（PCM）がよく用いられる（§14.1 参照）。光源には伝送速度や波長帯に応じて，半導体レーザまたは発光ダイオードを使い分け，直接，光強度変調（IM：intensity modulation）が行われている。

　符号化回路からでたクロック信号は，レーザ駆動回路によりパルス状の電流に変換され，半導体レーザに印加される。このとき，パルス応答を速くするため，半導体レーザにはバイアス電圧を印加しておく。半導体レーザでは直接変調が可能なので，印加された電流波形に応じた光変調信号がレーザから発せられる（電気 → 光変換）。図では光源（半導体レーザ）と光変調を分けて書いているが，直接変調では一体化したものとなる。通常は単一波長の，スペクトル

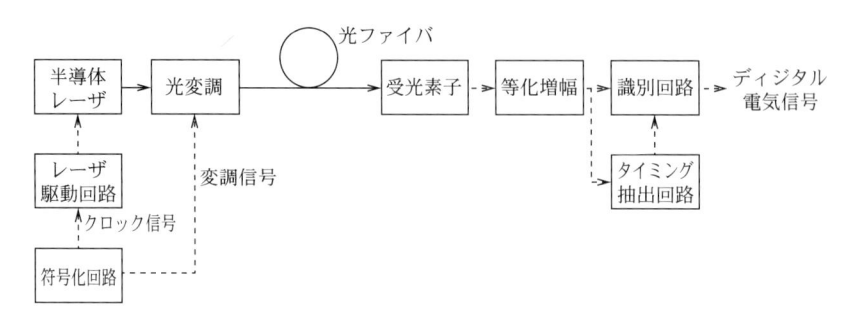

図 16.1 光 PCM 通信の概略
実線は光信号，破線は電気信号の流れ

幅の狭い光だけを用いる。信号としては"0"と"1"の2値レベルだけを使用する。

　半導体レーザから発せられた光信号が光ファイバに結合させられる。このとき，半導体レーザからの光放射パターンは楕円形で，光ファイバの固有モードの形状が円形なので，パターン不整合により結合損失を生じる。光ファイバ伝搬中には，吸収や散乱，あるいは曲げ損失により，光信号が減衰する。また，分散により光波形の幅が広がる。

　分散による波形広がりが比較的少なく，光信号の減衰の方が大きな場合，光ファイバ増幅器を用いて，波形を整形することなく，光信号のまま増幅する光直接増幅が行える。光直接増幅では波形整形を行わないので，光直接増幅を何回か行うと，分散による波形広がりが累積し，隣接パターンとの重なりが生じて，信号の判別が困難になる（図1.4参照）。波形整形を行うには，次に述べる光電変換が必要になる。

　受信側では，光ファイバで減衰・劣化した光信号をまずpinフォトダイオードやアバランシュフォトダイオード（APD）などの受光素子で直接検波して光電変換する。この電気信号を等化・増幅回路により増幅する。2進符号のタイミングをとるため，パルス列からタイミングを抽出する。適切なタイミングのもとで，しきい値検出し，もとの"0"，"1"パターンを識別する。

　中継器（repeater）では，新たにきれいな"0"，"1"パターンを，半導体レーザで光信号の形で送出する。このとき，システムの誤り率が少なくなるように，パルス波形を最適化することを**等化**という。波形整形をして中継することを**再生中継**という。再生中継で行う，タイミングの取り直しを"Retiming"，

波形整形（等化増幅）を"Reshaping"，新しい波形を送出すること（識別再生）を"Regenerating"といい，これらを頭文字をとって中継器の **3R 機能** という．

（2） 光通信における構成要素に対する要求技術

構成要素に必要とされる特性を表16.1にまとめて示しておく．

表 16.1　光通信における構成要素に対する要求条件

構成要素	要求条件
光源	送信光パワの増大，狭発振スペクトル幅，単一縦モード化，高速変調特性
伝送路	低い伝搬損失，低分散，低損失接続
光検出器	低受光レベル，低い暗電流，低い過剰雑音指数，高い量子効率
電子回路	高周波特性，高利得，低雑音
光増幅器	高利得，低雑音，利得帯域

§16.2　光ファイバ通信の応用

本節では，光ファイバ通信の応用分野を，特徴，伝送距離，伝送速度の観点から述べる．

（1）　光ファイバ通信の特徴と応用

光ファイバの特徴については既に§1.4(2)で紹介している．ここでは，光ファイバ通信の特徴と応用との関係を表16.2に示す．

光ファイバの最大の特徴は低損失と広帯域性である．両特性により中継間隔

表 16.2　光ファイバの特徴と応用

特　徴	応　用
低損失	長距離用途，市外回線，光海底ケーブル
広帯域	画像情報，データ通信，CATV，ITV（工業用テレビ）
細径	市内の管路など既存設備の利用，建物内
軽量	列車・航空機・船舶・自動車などの移動物体，建物内
可とう性	市内の管路など既存設備の利用，建物内
無誘導	電力施設，コンピュータ

が長くなり，中継器の数が減少するため，長距離用途に活かせる．特に，広帯域特性は多くの帯域を必要とする画像情報の通信に適している．移動物体では高速運行や安定走行のために本体の軽量化が図られている．したがって，光ファイバの軽量性はこの目的に合致している．

既に布設されている同軸ケーブルのシステム寿命が経過すると，新しい通信システムに置き換える必要が生じる．このとき，光ファイバは同軸ケーブルよりもはるかに細径なので，同じ管路の断面積内に多くの光ファイバケーブルが布設できる．この際，光ファイバは曲げやすいので作業効率が上がる．電力線や電力ケーブルを用いて大電力を使用する電力施設では，同軸ケーブルなど電気に基づく通信設備を使用すると電磁誘導の影響を受ける．このような電力施設で，光ファイバが無誘導なことを利用して，通信や制御にも使用される．

（2） 光ファイバ通信の応用分野

光ファイバ通信の応用分野を伝送速度と伝送距離の目安として分類すると，図 16.2 のようになる．

短距離で伝送速度が遅い場合は，構内やビル内通信で発生する情報量が比較的少ない分野に適用される．ある限定された領域で使用されるネットワークを

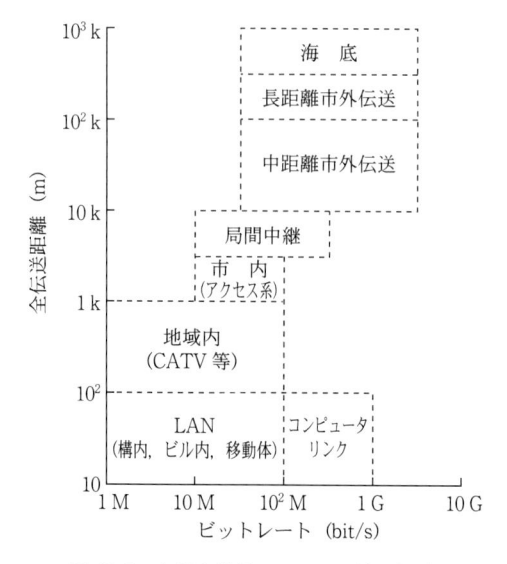

図 16.2 各種光通信システムの適用領域

LANという（本節(4)参照）。

短距離用途としては，船舶，飛行機，列車などの移動体中での通信，コンピュータ間の通信などがある。地域限定用途としてはCATV（ケーブルテレビ）がある。CATVで，画像など多くの帯域を必要とする情報を基地局から各家庭に配信する場合，光ファイバの広帯域性が生きてくる。短距離用には電力施設内での通信にも使用される。

中距離では，通信会社内の局間中継に使用される。

長距離で伝送速度が速い場合は，大都市間の市外回線など大量の情報が発生する分野に適用される。海外あるいは離島との通信には光海底ケーブル方式（本節(5)参照）が利用される。海外との通信では一般に高速性が求められるが，離島との通信では通信需要に応じた容量があればよい。

以下では主な応用をもう少し詳しく説明する。

（3） 国内公衆通信

公衆通信分野では電話，FAX，データなど各種の情報が扱われている。この分野において，光ファイバ通信は，図16.2からもわかるように，情報の発生量により，長距離から短距離まで，低容量から大容量まで，距離と通信需要に応じた各種回線が使用されている。最初は，通信会社内の局間中継や大都市間の市外回線など基幹回線（局間通信）を中心として中・長距離用として導入された。

国内最初の商用化システムは1978年のF 6 M（符号伝送速度：6.312 Mbps，電話換算：96チャネル）方式であり，石英系グレーデッド形多モード光ファイバ，InGaAsP半導体レーザ，Ge-APDが使用された。これの中継間隔は約15 kmであり，この値は当時の代表的線路である標準同軸ケーブルのPCM 400 M方式での中継間隔約1.6 kmのほぼ10倍であった。大容量長距離市外回線の最初は1983年のF 400 M（符号伝送速度：397.200 Mbps，電話換算：5760チャネル）方式であり，このときから単一モード光ファイバが用いられるようになった。

波長帯が$1.3\ \mu m$帯から$1.55\ \mu m$帯に変化するにつれて，分散シフト光ファイバが1980年代後半から用いられるようになった。また，光ファイバ増幅器の進展によりGbpsオーダの符号伝送速度が実現され，光波長多重技術の進展により10 Gbpsを超える符号伝送速度までが可能となっている。

これからは，光ファイバ通信が家庭と局を結ぶアクセス網（加入者網）にも導入されようとしている。アクセス網は最大距離が 5 km 程度であり，画像サービスがあまり顕在化していない状況では，中・長距離用途に比べて通信需要が少ないのが特徴である。したがって，効率的な配線など経済化の問題が重要となる。

（4） LAN

LAN（local area network）とは，企業や学校など主に構内やビル内の限定された範囲で，通信機器やコンピュータ機器の間でネットワークをめぐらせたものである。これは近年需要が急増しているインターネットに不可欠なものとなっている。LAN は通常，距離が 0.1～1 km 程度，伝送速度が 0.1～100 Mbps 程度の範囲である。この範囲では光ファイバ以外に平衡対ケーブルや同軸ケーブルもよく用いられている。光ファイバとしては，グレーデッド形多モード光ファイバや単一モード光ファイバが利用され，0.85 μm 帯や 1.3 μm 帯が用いられている。

（5） 光海底ケーブル通信

海底ケーブル通信システムは国際間通信だけでなく，国内でも離島への通信に使用されている。海底システムとして，1950 年以降は同軸ケーブルが使用されていたが，光ファイバケーブルが誕生するとともに，1985 年に初めて光海底ケーブルがカナリー諸島に布設された。

光海底ケーブルシステムは，主に光海底ケーブルと海底中継器で構成されている。陸上通信システムと大きく異なる点は，海底システムでは船を用いて海底に光ケーブルを布設していることである。この特殊性により，陸上通信システムとは異なる特性が要求される。

光海底ケーブルシステムへの要求条件は次のようにまとめられる。

① 光ケーブルの高耐水圧・高耐張力特性： 最大水深 8000 m（800 気圧）の海底に布設されるため，高耐水圧，高耐張力が必要である。修理時のケーブル引き上げで，ケーブルの自重や船の上下振動でケーブル長が約 0.7％ 程度伸びる。

② 高信頼度： 修理のために膨大な経費がかかるし，故障してもすぐに修

理できないため，通信サービスの低下をきたす恐れがある。そこで，中継器の数を減らしたり，高強度の光ケーブルを用いて，方式寿命（約25年）内にシステム故障が2〜3回以下になるようにしている。
③ 中継間隔の拡大： 中継器数を減らしてシステムの信頼性をあげるには，中継間隔を長くする必要があり，単一モード光ファイバの使用が不可欠である。エルビウム添加光ファイバ増幅器（EDFA）の採用は，中継間隔の延伸に有用である。
④ 建設費の低コスト化

国際通信の場合には，各国の信号を相互接続するため，伝送速度が国際規格になっている。伝送速度は295.6 Mbps（情報伝送速度：280 Mbps＋監視用信号）であり，これは電話（64 kbps）に換算して約4000チャネルである。

通信システムとして，波長1.55 μm帯で単一縦モード発振するDFB半導体レーザと分散シフト光ファイバを組み合わせ，半導体レーザの光強度変調方式とPDの直接検波方式を使用し，中継間隔は約50 kmである。1990年代半ばからは，EDFAを利用した光海底ケーブル通信が実用化されている。

§16.3　将来の光通信方式

この節では光ファイバ通信技術の変遷をたどった後，将来の光通信として研究されている技術を紹介する。

（1）　光ファイバ通信の変遷

光ファイバ通信はいくつかのキーテクノロジーを契機として発展してきた。表16.3は，キーテクノロジーに着目して，光ファイバ通信の発展段階を世代に分けたものである。

光通信は大容量化や経済性を目指して進展している。ここでは，大容量化のための技術展開の方向を紹介する。①符号伝送速度の高速化は時間軸での展開であり，後述するコヒーレント光通信や光ソリトン通信がこれに当たる。②多重化として光波長多重（WDM）通信がある。③多心化は空間における展開であり，光ファイバの細径性を利用したものである。④長中継間隔化としてコヒーレント光通信や光ソリトン通信がある。⑤受光限界を下げるものと

表16.3 光通信システムの変遷

	第1世代	第2世代	第3世代	第4世代	第5世代
時期	1970年代半ば	1980年代前半	1980年代後半	1990年代前半	1990年代後半
波長帯	$0.85\,\mu m$	$1.3\,\mu m$	$1.55\,\mu m$	$1.55\,\mu m$	$1.55\,\mu m$
光源	GaAlAs	InGaAsP	InGaAsP	InGaAsP	InGaAsP
光ファイバ	多モード	単一モード	分散シフト	分散シフト	分散シフト
	(グレーデッド形)	($1.3\,\mu m$零分散)	分散補償		(広波長域低分散)
光検出器	Si	Ge	InGaAs	InGaAs	InGaAs
その他技術				光増幅器	波長多重
通信サービス	音声	音声	音声	音声	データ, 音声

注:下線部は世代の違いを表すキー技術

して,光子の個数に着目した量子光通信がある.以下では,光波長多重通信,光ソリトン通信,コヒーレント光通信を順に紹介する.

(2) 光波長多重通信

1本の光ファイバに多くの波長を同時に伝送させるという,**光波長多重化**(WDM:wavelength division multiplexing)には大別して2つの用途が考えられる.ひとつは図16.3(a)に示すポイント・ツー・ポイントでの伝送容量の増大である.1つの搬送波長に多くの情報をのせるためには,伝送帯域を広くする必要があるが,光ファイバや半導体レーザの特性上限度がある.波長多重化はこのような状況を打開するための方策である.単一モード光ファイバでたとえば10波長程度の多重化をすれば,数十GHz·km〜数THz·kmのポイント・ツー・ポイントでの超広帯域通信が可能となる.数波長のものは1990年代後半で実用化されている.

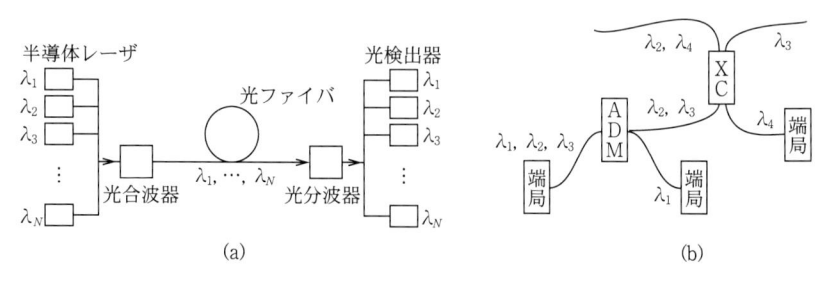

図16.3 光波長多重通信の利用法
(a) 回線の多重化 (b) フォトニックネットワーク
ADM:分岐・挿入装置, XC:クロスコネクト装置

光波長多重通信用には，零分散波長を低損失帯と一致する 1.55 μm 帯に移動させた石英系分散シフト光ファイバが用いられる．ただし，通常の分散シフト光ファイバでは広い波長範囲にわたって低分散特性を保持できないので，波長多重通信用には，1.55 μm 帯の広い波長域にわたって広帯域特性が期待できる光ファイバが望ましい．

光波長多重通信の2つ目でかつ将来性のある用途として，ネットワークへの応用がある．これでは，従来電気的に処理していた技術を光技術に代替させることにより，伝送処理速度の向上を促し，増え続けるトラフィックに対応できるようになる．

図 16.3(b) に示す，フォトニック（光波）ネットワークへの応用では，情報を送るために，情報単位である光セルのヘッダ部分の宛先に光波長を対応させる．分岐・挿入装置では，特定の波長の情報を分岐させたり，挿入する．クロスコネクトでは，入線の波長と出線の波長を一度に振り分け，次の基地局へ送出する．このように，光波長を判別して最終的に相手に情報を届けることになる．

フォトニックネットワークでは，従来の光ファイバ通信で行われていた①伝送機能，に加えて従来電気レベルで行われていた，②多重・分離機能，③スイッチング機能，④ルーチング機能などを光技術で行う必要がある．このような応用では，複数波長のうち，特定波長を分岐・挿入したり，複数波長を同時に異なる宛先に振り分けるという，従来にない機能が必要とされる．

(3) 光ソリトン通信

光強度の大きな光が入射したとき，光強度の大きな箇所ほど屈折率が高くなる現象を光カー効果という．光ファイバに光短パルスが入射すると，光カー効果により，光パルス波形が元より急峻になろうとする性質をもつ．一方，光ファイバの分散特性により，光短パルスの幅が広がろうとする性質をもつ．分散特性と入射光強度をうまく選択すると，相反する2つの性質がうまく釣り合い，長距離伝搬後も入射パルス波形が保持される場合がある．このような光パルスを**光ソリトン**（optical soliton）と呼ぶ．図 16.4 に光ソリトンの概略を示す．光ソリトンは非線形波動の一種であり，物理現象全般に共通の概念である．光ソリトンは高ビットレート長距離伝送に使える可能性がある．

光カー媒質中を角周波数 ω の光電界 $\mathcal{E}$ が z 方向に伝搬するとき，吸収を無

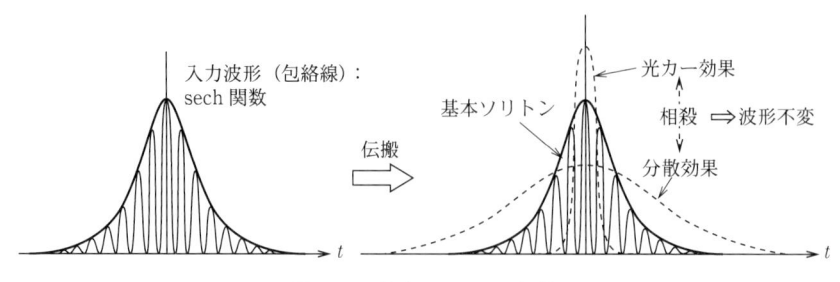

図 16.4 基本ソリトンの伝搬

視すると，光電界は

$$i\left(\frac{\partial \mathcal{E}}{\partial z}+\frac{1}{v_g}\frac{\partial \mathcal{E}}{\partial t}\right)=-\frac{1}{2}D\frac{\partial^2 \mathcal{E}}{\partial t^2}+K|\mathcal{E}|^2\mathcal{E} \tag{16.1}$$

に従って変化する．上式の右辺第 1 項目は分散項，2 項目は光非線形項，左辺第 2 項目は群速度項である．ここで，v_g は群速度，D は群速度分散，$K\equiv 3\omega^2\chi^{(3)}/2\beta c^2$ は光カー効果，$\chi^{(3)}$ は 3 次の電気感受率，β は伝搬定数，c は真空中の光速である．

入射パルス幅を T とするとき，変数を無次元化するため，

$$\tau = \frac{t-(z/v_g)}{T} \quad \text{：時間}$$

$$\xi = \frac{|D|z}{T^2} \quad \text{：距離}$$

$$q = \mathcal{E}\, T\sqrt{\frac{K}{|D|}} \quad \text{：光電界}$$

なる変数変換を施すと，光ソリトンの伝搬を記述する基本式である**非線形シュレーディンガー方程式**

$$i\frac{\partial q}{\partial \xi}-\frac{1}{2}\frac{\partial^2 q}{\partial \tau^2}-|q|^2 q = 0 \tag{16.2}$$

が得られる．

式(16.2)のひとつの解は

$$q(\tau,\xi)=q_0\,\mathrm{sech}(q_0\tau)\exp\left(-i\frac{1}{2}q_0^2\xi\right) \quad (q_0：定数) \tag{16.3}$$

で得られる．この解は包絡線が変化することなく伝搬するので，**包絡線ソリトン**（envelope soliton）と呼ばれる．式(16.3)は波形が伝搬中に変化しないことから**基本ソリトン**と呼ばれ，これは通信に利用できる可能性がある．石英系光ファイバの場合，包絡線の中央部が明るくなる（bright soliton）のは，$\lambda \geq$

1.3 μm の異常分散領域 ($\partial v_g/\partial \omega > 0$) においてである。式(16.2)の他の解として高次ソリトンがあり，これらは距離に対する周期関数となっている。

以上の議論では光ファイバにおける吸収（損失）を無視してきた。しかし，実際の光ファイバでは損失があるために非線形項が小さくなり，パルス幅が広がり過ぎて，ソリトン条件を満たさなくなる。そこで損失分を補償するため，エルビウム添加光ファイバ増幅器を周期的に設置することにより，伝送距離の飛躍的な拡大が図られている。

(4) コヒーレント光通信（光波通信）

コヒーレント光通信とは，周波数や位相が十分に安定な光を搬送波として用い，送信側ではその振幅，周波数または位相を変調して情報を送出し，受信側では光ヘテロダインもしくはホモダイン検波によって高感度な受信を行うものである。その基本構成を図 14.4(b) に示し，原理を既に §14.3(2) で説明した。

コヒーレント光通信方式が IM・直接検波方式に比べて優位となるのは，光ヘテロダインやホモダイン検波の利用による受光レベルの低減化のためである。光増幅器を用いない方式で SN 比が最大となる電流増倍率領域では，増倍過程での過剰雑音のため，理想的な SN 比が達成できない。一方，コヒーレント系では，既述のように，局部発振光パワが十分に大きければ，局部発振光によるショット雑音が熱雑音を遮蔽し，光電変換に起因したショット雑音のみで決定される SN 比を実現することができる。換言すれば，コヒーレント系の方が，光増幅器を用いない方式よりも小さな信号光パワで等しい SN 比を得ることができる。

コヒーレント光通信の基本的な考え方は，マイクロ波で培われた通信技術の移入であるが，周波数の違いによる光固有の問題がある。マイクロ波は波長が長い（10 cm 前後）ため，部品の加工精度に許容度が大きく，厳密な電磁波に近い性質を有している。そのため，マイクロ波領域では，2波の干渉を利用したヘテロダインやホモダイン検波を用いた通信が既に行われていた。コヒーレント光通信が現実的なシステムとして構成できるようになったのは，

① 可干渉性に優れた分布帰還形半導体レーザの開発
② 単一モード光ファイバ伝搬時における可干渉性の保持確認

などの技術的裏付けによる。このような検波法の性能は，信号光や局部発振光

の偏波状態に敏感である。

【演習問題】

16.1　光ファイバ通信の特徴を列挙し，その特徴と各種応用との関係をまとめよ．

16.2　光ファイバ通信システムの標準構成を図示し，各構成要素の役割を説明せよ．

16.3　光ファイバ通信に用いられている波長 $0.85\,\mu$m，$1.3\,\mu$m，$1.55\,\mu$m 帯について，それぞれの構成要素の特徴を比較検討せよ．

16.4　光通信が将来も進展するに際して要求される特性を列挙せよ．

16.5　光波長多重通信をフォトニックネットワークに使用するには，従来の光通信に比べて新たにどのような機能が必要になるか考えよ．

16.6　光ソリトンが通信に使われようとしているのは，光ソリトンがどのような性質を有しているためか説明せよ．また，そのような性質が生まれる理由を定性的に説明せよ．

参 考 文 献

　光ファイバ通信をさらに詳しく学習するときに役立つ参考書や，本書を執筆するに際して参考にさせて頂いた参考書を，謝意を込めて以下に掲げる。

〈光ファイバ通信〉
［1］ 末松安晴，伊賀健一：『光ファイバ通信入門（改訂3版）』，オーム社（1989）
［2］ 野田健一 編著：『新版　光ファイバ伝送』，電子情報通信学会（1982）
［3］ 光通信理論研究会 編：『光通信理論とその応用』，森北出版（1988）
［4］ 野田健一：『光伝送工学』，昭晃堂（1988）
［5］ 池田正宏：『光ファイバ通信』，コロナ社（1997）
［6］ 菊池和朗：『光ファイバ通信の基礎』，昭晃堂（1997）
［7］ 大越孝敬，菊池和朗：『コヒーレント光通信工学』，オーム社（1989）

〈光ファイバ・光導波路〉
［8］ 大越孝敬 編著：『光ファイバの基礎』，オーム社（1977）
［9］ 川上彰二郎：『光導波路』，朝倉書店（1980）
［10］ 岡本勝就：『光導波路の基礎』，コロナ社（1992）
［11］ 左貝潤一：『導波光学』，共立出版（2004）

〈光デバイス〉
［12］ 末松安晴：『光デバイス』，コロナ社（1986）
［13］ 石尾秀樹 監修：『光増幅器とその応用』，オーム社（1992）
［14］ 池上徹彦 監修，土屋治彦・三上修 編著：『半導体フォトニクス工学』，コロナ社（1995）

〈ネットワーク〉
［15］ 笠野英松 監修：『通信プロトコル事典』，アスキー出版局（1996）
［16］ 行松健一：『光スイッチングと光インターコネクション』，共立出版（1998）

- [17] 竹下隆史, 村山公保, 荒井透, 苅田幸雄:『マスタリング TCP/IP 入門編 第 2 版』, オーム社 (1998)
- [18] 丸山修孝:『わかりやすい通信プロトコルの技術』, オーム社 (1997)
- [19] 古賀広昭, 井手口健, 下塩義文:『光・情報通信ネットワーク』, 森北出版 (1998)

〈数学公式〉
- [20] 森口繁一, 宇田川銈久, 一松信:『数学公式III』, 岩波書店 (1960)

演習問題略解

2.2 ① 式(2.2)と(2.16)から得られる $\theta_c=\sin^{-1}\sqrt{2\Delta}$ より $\theta_c=8.13°=0.142$ rad。

② 式(2.10)で $\theta_m=\theta_c$ とおいて，最大モード次数は $m=9.69$ より 9。

③ 式(2.11)より $v=15.2$。これを $\pi/2$ で割ると 9.68。最大モード次数は 9。

2.3 $I=|u_1-u_2|^2=2A^2\sin^2[(k\sin\theta_m)r]$
$$=A^2\left\{1-\cos\left(\frac{4\pi x\sin\theta_m}{\lambda}\right)\right\}$$

3.1 ② 式(3.4)を用いて $NA=0.092$。

4.1 ① $a[\mu m]$ として $v<2.405$ を満たすためには $a\sqrt{\Delta}<0.289$。

② $\theta_c=\sin^{-1}\sqrt{2\Delta}$ より $\theta_c=8.13°=0.142$ rad。式(3.4)より $NA=0.205$。式(4.12)より $v=20.8$。式(4.9)より $N_s=216$。

4.6 式(4.10 a, c)を用い，上（下）段をコア（クラッド）の電界成分として

$$E_\theta=-E_x\sin\theta+E_y\cos\theta=\frac{1}{2}\begin{Bmatrix}A_1 J_\nu(ur/a)\\ A_2 K_\nu(wr/a)\end{Bmatrix}[\cos(\nu+1)\theta+\cos(\nu-1)\theta]$$

コア・クラッド境界 $(r=a)$ で境界面に対する接線成分 (E_θ, E_z) が連続だから，上式と(4.10 b)での三角関数の $(\nu+1)\theta$ 依存性の項より

$$\begin{pmatrix}J_\nu(u) & -K_\nu(w)\\ uJ_{\nu+1}(u) & -wK_{\nu+1}(w)\end{pmatrix}\begin{pmatrix}A_1\\ A_2\end{pmatrix}=\begin{pmatrix}0\\ 0\end{pmatrix}$$

と書ける。上式が自明解以外の解をもつため，行列式が零の条件より式(4.11 a)のうち，複号で上側の式が導ける。同様にして，$(\nu-1)\theta$ 依存性の項より複号で下側の式が導ける。

5.1 子午光線のときは $x=\sqrt{2\Delta}(r/a)$ $(x\ll 1)$ とおくと，

$$n=n_1\mathrm{sech}(x)=\frac{2n_1}{e^x+e^{-x}}\fallingdotseq\frac{n_1}{1+(x^2/2)}$$

$$n^2(r)=\frac{n_1^2}{\{1+(x^2/2)\}^2}\fallingdotseq n_1^2(1-x^2)$$

らせん光線のときは $n^2(r)=\dfrac{n_1^2}{1+2\Delta(r/a)^2}$ で $\Delta\ll 1$ を用いると明らか。

6.4 ① $\theta = \angle AO_1O_2$ とおき，$\cos\theta = \sin\left(\dfrac{\pi}{2} - \theta\right) = \dfrac{d}{2a}$ より $\theta = \dfrac{\pi}{2} - \sin^{-1}\left(\dfrac{d}{2a}\right)$。

共通部分の面積 S は扇形から三角形を引いた部分の 4 倍をとって，

$$S = 4\left\{\dfrac{1}{2}a^2\theta - \dfrac{1}{2}\dfrac{d}{2}\sqrt{a^2 - \left(\dfrac{d}{2}\right)^2}\right\}$$

$\eta = S/\pi a^2$ から求められる。

② d が微小なとき $\eta \fallingdotseq 1 - \dfrac{2d}{\pi a} \fallingdotseq \exp\left(-\dfrac{2d}{\pi a}\right)$

損失の dB 表示は

$$-10\log\eta = -10\log e \ln\eta = 4.34\dfrac{2d}{\pi a} = 2.76\dfrac{d}{a}\ [\text{dB}]。$$

6.6 $2\,\text{mW} = 3.01\,\text{dBm}$, $0.5\,\mu\text{W} = -33.01\,\text{dBm}$,
$\{3.01 - (-33.01) - 3 - 7\}/0.5 = 52.0\,\text{km}$。

7.1 $u_1 + u_2 = 2\cos\left\{\dfrac{(\omega_1+\omega_2)t}{2} - \dfrac{(\beta_1+\beta_2)z}{2}\right\} \cdot \cos\left\{\dfrac{(\omega_1-\omega_2)t}{2} - \dfrac{(\beta_1-\beta_2)z}{2}\right\}$

2 周波が近接しているとき，第 2 項目の cos 関数が包絡線であり，その速度は $(\omega_1 - \omega_2)/(\beta_1 - \beta_2)$。差分を微分に置換すると式(7.1)が得られる。

7.3 ステップ形の群遅延時間差は式(7.4)を用いて 242 ns。グレーデッド形の群遅延時間差は式(7.7)を用いて 1.21 ns。

7.5 距離 $L\,[\text{km}]$ 伝搬後のパルス幅は $w = \sqrt{(10)^2 + (5 \cdot 5 \cdot L)^2}\,[\text{ps}]$。
1 Gbps のとき $w = 10^3$ を満たす距離は $L = 40\,\text{km}$。500 Mbps のとき $w = 2 \times 10^3$ を満たす距離は $L = 80\,\text{km}$。

9.3 ① 式(2.11)より得られる v で，$v < \dfrac{\pi}{2}$ を満たす d を求めて $d \fallingdotseq 0.90\,\mu\text{m}$。

② 式(9.9)より $E_g = 0.80\,\text{eV}$。

③ 式(9.6)より縦モード間隔は $\Delta\lambda = 1.14\,\text{nm}$。$10 \div \Delta\lambda = 8.74$ だから，共振モードの位置により 8 本または 9 本。

10.1 ① 式(10.2)を用いて $\Lambda = 0.364\,\mu\text{m}$。

② 同様にして $\Lambda = 0.221\,\mu\text{m}$。

12.1 図 12.1 におけるものと c 軸が直交する変調器では，式(12.2)での E_x, E_y 中の位相変化で n_x と n_y を置換し，かつ V の符号を反転させて得られる。

① c 軸が直交した変調器を直列に配置した場合，E_x, E_y 成分での自然複屈折項はともに $(n_o + n_e)$ となり，相殺する。

② E_x 成分の電界依存位相変化は $\delta_x = \left(-\dfrac{n_e^3 r_{33} V}{2d} + \dfrac{n_o^3 r_{13} V}{2d}\right)k_0 L$

E_y 成分の位相変化は $\delta_y = \left(-\dfrac{n_o^3 r_{13} V}{2d} + \dfrac{n_e^3 r_{33} V}{2d}\right)k_0 L$

位相差は $\delta = \delta_y - \delta_x$

12.4 ① モード結合方程式の解で A, B が共通因子 $\exp(-i\beta_m z)$ をもつとする。A と B が自明解以外の解をもつための条件より、結合系の伝搬定数が $\beta_m = (\beta \pm \chi)$ $(m=1,2)$ で、固有関数が $A/B = \pm 1$（複号同順）で得られる。形式解は
$$A(z) = \{C_1 \exp(-i\beta_1 z) + C_2 \exp(-i\beta_2 z)\}$$
$$B(z) = \{C_1 \exp(-i\beta_1 z) - C_2 \exp(-i\beta_2 z)\}$$
ただし、C_1, C_2 は入射条件から決まる定数である。初期条件を適用して
$$A(z) = A(0)\cos(\chi z), \quad B(z) = -iA(0)\sin(\chi z)$$

② $\left|\dfrac{B(L)}{A(0)}\right|^2 = \sin^2(\chi L) = \dfrac{1}{2}\{1 - \cos(2\chi L)\}$

結合距離は $\chi L_c = \pi/2$ より
$L_c = \pi/2\chi$。

13.1 式(13.1)を利用して $j \fallingdotseq 1.0\,\mu\text{A}$。

14.2 §14.2 参照。

14.5 ① 信号電流は $j_s = eP_s/\hbar\omega$、ショット雑音は式(13.7)より $\langle j_{ns}^2 \rangle = 2ej_s B$、これらを用いて $S/N = j_s^2/\langle j_{ns}^2 \rangle$。

② 式(14.7)を用いて $S/N = 3.91 \times 10^3$。

物理基礎定数

真空中の光速 　　　$c = \dfrac{1}{\sqrt{\varepsilon_0 \mu_0}} = 2.998 \times 10^8$ [m/s]

電気素量 　　　$e = 1.602 \times 10^{-19}$ [C]

電子の静止質量 　　　$m_\mathrm{e} = 9.109 \times 10^{-31}$ [kg]

プランク定数 　　　$h = 6.626 \times 10^{-34}$ [Js]

ボルツマン定数 　　　$k_\mathrm{B} = 1.3807 \times 10^{-23}$ [J/K]

真空中の誘電率 　　　$\varepsilon_0 = 8.854 \times 10^{-12}$ [F/m]

真空中の透磁率 　　　$\mu_0 = 4\pi \times 10^{-7} = 1.257 \times 10^{-6}$ [H/m]

エネルギーの換算

$$1 \text{ [eV]} = 1.602 \times 10^{-19} \text{ [J]} = 8.065 \times 10^3 \text{ [cm}^{-1}\text{]}$$

索　引

【あ行】

アクセス網　　　　　　　　　　　　*162*
アバランシュフォトダイオード（APD）
　　　　　　　　　126, 131, 143, 158
アレイ導波路回折格子（AWG）　　　*119*
暗電流　　　　　　*125, 127, 129, 140*

イオン化　　　　　　　　　　*127, 131*
イオン化率　　　　　　　　　*127, 131*
1次の電気光学効果　　　　　　　　*112*
一様曲げ損失　　　　　　　　　　　*57*
色分散　　　　　　　　　　　　　　*66*
インターネット　　　　　　*1, 147, 150*
インパルス応答　　　　　　　　　　*62*

内付け CVD 法（MCVD 法）　　　　*50*
埋め込み構造　　　　　　　　　　　*86*

エバネッセント成分　　　　　　　　*14*
エルビウム添加光ファイバ増幅器（EDFA）
　　　　　　　　　103, 106, 109, 163

音響光学フィルタ　　　　　　　　　*122*
音声　　　　　　　　　　　　　　　*137*

【か行】

開口数（NA）　　　　　　　　*22, 23*
回折格子　　　　　　　　　　　　　*120*
回線　　　　　　　　　　　　　　　*151*
回線交換　　　　　　　　　　*151, 153*
階層化モデル　　　　　　　　　　　*149*
外部変調　　　　　　　　　　　　　*111*
開放形導波路　　　　　　　　　　　*26*
火炎加水分解反応　　　　　　　　　*51*
角度ずれ損失　　　　　　　　　　　*57*
過剰雑音　　　　　　　　　　*127, 131*
過剰雑音指数　　　　　　　　*132, 140*
ガスレンズ導波路方式　　　　　　　*4*
画素　　　　　　　　　　　　　　　*138*
画像情報　　　　　　　　　　*137, 160*
活性層　　　　　　　　　　　　*85, 94*
カットオフ　　　　　　　　　　　　*30*
カットオフ V 値　　　　　　　　　*30*
カットオフ波長　　　　　　　　　　*30*
間接遷移形半導体　　　　　　　　　*128*

規格化周波数　　　　　　　　　　　*28*
規格化伝搬定数　　　　　　　　*36, 44*
　　横方向 ──　　　　　　　　　*28*
気相軸付け法（VAD 法）　　　　　　*52*
基礎吸収　　　　　　　　　　　　　*54*
希土類添加光ファイバ増幅器
　　　　　　　　　　7, 71, 102, 105
擬フェルミ準位　　　　　　　　　　*83*
基本ソリトン　　　　　　　　　　　*166*
基本モード　　　　　　　　　　*32, 35*
逆多重化　　　　　　　　　　　　　*146*
吸収　　　　　　　　　　　　　　　*73*
吸収損失　　　　　　　　　　　　　*53*
境界条件　　　　　　　　　　　　　*28*
共振角周波数　　　　　　　　　*77, 80*
共振形光増幅器　　　　　　　　　　*107*
共振条件　　　　　　　　　　*77, 107*
共振モード　　　　　　　　　　　　*86*
共鳴角周波数　　　　　　　　　*76, 80*
局部発振光　　　　　　　　　　　　*141*
許容曲げ半径　　　　　　　　　　　*59*

禁制帯幅	83, 91, 128
空間伝搬	4
グース・ヘンヒェンシフト	13
空乏層	124
クラッド	11, 20
グレーデッド形	21, 39, 47, 64, 66
グレーデッド形多モード光ファイバ	64, 162
グレーデッド形光ファイバ	5, 39
クロスコネクト（XC）	148
群屈折率	66
群速度	62
群遅延	62
群遅延差	64, 65
結合効率	55
結合損失	55
コア	11, 19, 26, 39
交換	2, 122, 146
交換方式	151, 153
格子整合	91
公衆通信	5, 161
構成方程式	24
光線方程式	12, 41
構造不完全性損失	53
構造分散	67
光波通信	167
光波ネットワーク	165
光路長	13
コネクション識別子	155
コヒーレンス	74
コヒーレント光通信	167
固有スポットサイズ	42
固有値方程式	13, 28, 34, 43, 47

【さ行】

再生中継	158
最適電流増倍率	141
材料分散	67
雑音	125
サブバンド	97
酸化反応	50
散乱損失	53
しきい値条件	
レーザ発振の――	79
しきい値利得係数	87
磁気光学効果	116
軸ずれ損失	56
子午光線	29, 40, 41, 48, 65
自然放出	73
自然放出光	87
増幅された――	104
弱導波近似	33, 41, 42
遮断	30
遮断周波数	30
遮断波長	30
Shannon の第一基本定理	133
周期構造	120
自由スペクトル領域（FSR）	78
集束定数	39
周波数応答特性	88
受光素子	124, 140, 158
シュタルク効果	103
主モード数	43, 44
シュレーディンガー方程式	46, 98
非線形――	166
状態密度	83, 98
ショット雑音	130, 131, 140
ジョンソン雑音	130
進行波形光増幅器（TW形）	108
心線	20
振幅変調（AM）	113
スターカップラ	118
ステップ形	21, 26, 64, 68
ステップ形多モード光ファイバ	64
ストアアンドフォワード	154
スネルの法則	10
スラブ導波路	11
正規化周波数	28

索　　引

正帰還	75, 86
石英系光ファイバ	49, 54, 68
接続損失	55
セル	155
零分散波長	68, 70
線幅増大係数	99
全反射	11
層	149
増幅された自然放出光	104
速度等化	40
阻止帯	121
素線	20
外付けCVD法	51
外付け法	51
ソリトン	
基本――	166
光――	165
包絡線――	166
損失限界	49

【た行】

帯域圧縮	138
タイムスロット	152
多孔質母材	51
多重化	146
多重量子井戸	97
縦モード	81, 86, 88
単一――	88, 93
縦モード間隔	88
ダブルヘテロ接合	84
多モード発振	81
多モード光ファイバ	21, 39, 64
グレーデッド形――	64, 162
ステップ形――	64
単一縦モード	88, 93
単一モード光ファイバ	
	21, 32, 66, 68, 162, 163
単極NRZ	136
単極RZ	137
中間周波数（IF）	141

中継器	7, 158
――の3R機能	159
超格子構造	97
直接検波	139, 158
直接遷移形半導体	82
直接変調	90, 111
通信ネットワーク	2, 147
定在波	13, 15
ディジタル送信符号形式	136
ディジタル変調	134
dB表示	52
データ通信	153
転位	91
転移点	58
転回点	46
電気光学変調器	112, 114
バルク形――	112
電磁界分布	28, 43
伝送	2
伝搬定数	12, 17, 36, 44, 48
伝搬光パワ	37, 58, 67
伝搬モード	17, 29, 31, 47
伝搬モード数	33, 45, 48
電流増倍率	127
最適――	141
電話	147, 151
等化	158
等化器	139
等価直線導波路近似	57
同期転送モード	152
同軸ケーブル	3, 162
導波モード	17, 29
導波路形光変調器	114
導波路分散	67, 70
導波路分散パラメータ	67
時分割多重	152
特性方程式	28
トレーラ	154

【な行】

二重ヘテロ接合 84
2乗分布形 22, 39, 65
2進符号 136
ネオジウム添加光ファイバ増幅器 105
熱雑音 130, 140
ネットワーク 147
 光波—— 165
 通信—— 2, 147
 フォトニック—— 122, 165
ネットワーク層 149

【は行】

ハイブリッドモード 32
白色雑音 130
パケット 153
パケット交換 153
波長可変光源 96
波長分散 66
発光ダイオード 87
発振周波数
 レーザの—— 80
バッファリング 156
波動方程式 24
バルク 96
バルク形電気光学変調器 112
パルス幅 66
パルス符号変調（PCM） 135, 157
半径方向モード次数 31
反転分布 75, 83
反転分布パラメータ 104
半導体光増幅器（SOA） 106, 108
半導体レーザ 6, 82
 GaAlAs—— 85, 91
 GaInAsP/InP—— 92, 103
半波長電圧 113
光アイソレータ 115, 117
光海底ケーブル通信 162
光カー効果 165

光共振器 75
光強度変調（IM） 113, 157
光ケーブル 20, 162
光検出器 6, 124, 139
光合分波器 117
光サーキュレータ 116
光スイッチ 122
光増幅器 101, 109, 164
光ソリトン 165
光導波路 11
光の増幅 75
光波長多重（WDM） 148, 161, 164
光波長多重通信 71, 164
光非相反素子 115
光ファイバ 8, 19
 グレーデッド形—— 5, 39
 グレーデッド形多モード—— 64, 162
 ステップ形多モード—— 64
 石英系—— 49, 54, 68
 多モード—— 21, 39, 64
 分散シフト—— 70, 161
 分散制御—— 69
 分散フラット—— 71
 分散補償—— 72, 110
光ファイバカップラ 118
光ファイバスターカップラ 118
光ファイバ損失 53
光ファイバ通信 7, 159
光フィルタ 120
光ヘテロダイン検波 141, 167
光変調 111
光変調器 111
 導波路形—— 114
光ホモダイン検波 141, 167
比屈折率差 17, 23, 36
ひずみ超格子 99
ひずみ量子井戸構造 99
ひずみ量子井戸レーザ 99, 103
非線形シュレーディンガー方程式 166
非同期転送モード（ATM） 155
微分量子効率 87

標本化	135	母材	20, 51
標本化定理	135	ホモ接合	84
		ボルツマン分布	76
ファイバグレーティング	121	ポンピング	76
ファブリ・ペロー共振器	77, 107		
ファラデー効果	117	**【ま行】**	
フォトニックネットワーク	122, 165	マイクロベンディング損失	59
復調	133	マクスウェル方程式	24
符号誤り	61	マルチメディア	1, 134
物理層	149, 151		
プラスチックファイバ	22	無線	3
ブラッグの回折条件	94	無誘導	8, 160
ブラッグ波長	94, 121		
ブラッグ反射	94, 121	モデム	133
フレーム	152	モード	14, 64
フレーム間予測符号化	138	モードフィールド径	22
プロトコル	149, 150	モード分散	63
プロファイル分散	66	モード変換	60
分岐・挿入装置	148	モノリシック	115
分散	62, 158, 165	漏れモード	48
分散限界	62		
分散シフト光ファイバ	70, 161	**【や行】**	
分散制御光ファイバ	69	誘導散乱損失	53
分散フラット光ファイバ	71	誘導放出	74, 87
分散補償光ファイバ	72, 110		
分布帰還形レーザ	94	横モード	86
分布反射形レーザ	96		
		【ら行】	
平衡対ケーブル	3, 162	ラゲール・ガウスモード	43
ベキ乗指数	39, 66	らせん光線	30, 41, 48
ベキ乗分布形	39, 47		
ベースバンド周波数特性	62	量子井戸構造	97
ベッセル関数	27	量子井戸レーザ	97
ヘッダ	153	量子化	135
ベルデ定数	117	量子化雑音	135
変調	133	量子検出限界	142
変調特性	88	量子効率	125, 128
		微分——	87
方位角モード次数	28	量子雑音	130
方向性結合器	114, 118	臨界角	11
放射モード	17, 30, 48, 60	臨界膜厚	99
包絡線ソリトン	166	ルーチング	156, 165

索　　引

励起	76
励起吸収	103
レイヤ（層）	149
レイリー散乱	54
レーザ	73, 75
ひずみ量子井戸 ――	99, 103
分布帰還形 ――	94
分布反射形 ――	96
量子井戸 ――	97
レーザダイオード	87
レンズ列ガイド方式	4

【数字／欧字】

1次の電気光学効果	112
ADM	148
AM	113
AMI 符号	137
APD	126, 131, 143, 158
ATM	155
ATM 交換	153, 155
AWG	119
CATV	161
CMI 符号	137
dB 表示	52
DBR レーザ	96
DFB レーザ	94
EDFA	103, 106, 109, 163
EH モード	32
FSR	78
GaAlAs 半導体レーザ	85, 91
GaInAsP/InP 半導体レーザ	92, 103
HE モード	32
HE_{11} モード	32, 35
IF	141
IM	113, 157
JPEG	138
LAN	22, 162
LED	87
LP モード	34
MCVD 法	50
MPEG	138
NA（開口数）	23
OSI 参照モデル	148, 149
PCM	135, 157
pin 構造	124
pin フォトダイオード	125, 143, 158
pn 接合	83
Pockels 効果	112
SAGM 構造	129
Shannon の第一基本定理	133
SN 比	140, 142, 143
SOA	106
TCP/IP	150
TE モード	31
TM モード	31
TW 形	106, 108
V パラメータ	14, 23, 28, 36
VAD 法	52
WDM	164
WKB 法	45
XC	148
Y 分岐	118
α パラメータ	99
$\lambda/4$ 位相シフト DFB 構造	95

Memorandum

Memorandum

著者経歴

左貝　潤一　（さかい　じゅんいち）

現　　在　立命館大学理工学部電子光情報工学科教授・工学博士
著　　書　『光エレクトロニクス』（共著），朝倉書店（1993）
　　　　　『光学の基礎』，コロナ社（1997）
　　　　　『導波光学』，共立出版（2004）
　　　　　『通信ネットワーク概論』，森北出版（2018）

光通信工学

2000年10月15日　初版1刷発行
2019年 9 月 1 日　初版6刷発行

検印廃止
NDC 547.2, 547.3
ISBN 978-4-320-08611-1

著　者　左貝潤一　Ⓒ 2000
発行所　共立出版株式会社/南條光章
　　　　東京都文京区小日向4丁目6番19号
　　　　電話　東京(03)3947-2511番（代表）
　　　　郵便番号112-0006
　　　　振替口座 00110-2-57035 番
　　　　URL　www.kyoritsu-pub.co.jp
印刷所　中央印刷株式会社
製本所　ブロケード

一般社団法人
自然科学書協会
会員

Printed in Japan

JCOPY <出版者著作権管理機構委託出版物>
本書の無断複製は著作権法上での例外を除き禁じられています．複製される場合は，そのつど事前に，出版者著作権管理機構（TEL：03-5244-5088，FAX：03-5244-5089，e-mail：info@jcopy.or.jp）の許諾を得てください．

■電気・電子工学関連書

https://www.kyoritsu-pub.co.jp/ 共立出版

電気・電子・情報通信のための工学英語	奈倉理一著
電気数学 ベクトルと複素数	安部　實著
テキスト 電気回路	庄　善之著
演習 電気回路	庄　善之著
電気回路	山本弘明他著
詳解 電気回路演習 上・下	大下眞二郎著
大学生のためのエッセンス 電磁気学	沼居貴陽著
大学生ための電磁気学演習	沼居貴陽著
基礎と演習 理工系の電磁気学	高橋正雄著
入門 工系の電磁気学	西浦宏幸他著
詳解 電磁気学演習	後藤憲一他共編
ナノ構造磁性体 物性・機能・設計	電気学会編
わかりやすい電気機器	天野耀鴻他著
エッセンス 電気・電子回路	佐々木浩一他著
電子回路 基礎から応用まで	坂本康正著
学生のための基礎電子回路	亀井且有著
基礎電子回路入門 アナログ電子回路の変遷	村岡輝雄著
本質を学ぶためのアナログ電子回路入門	宮入圭一監修
例解 アナログ電子回路	田中賢一著
マイクロ波回路とスミスチャート	谷口慶治他著
マイクロ波電子回路 設計の基礎	谷口慶治著
線形回路解析入門	鈴木五郎著

論理回路 基礎と演習	房岡　璋他共著
大学生のためのエッセンス 量子力学	沼居貴陽著
Verilog HDLによるシステム開発と設計	高橋隆一著
C/C++によるVLSI設計	大村正之他著
HDLによるVLSI設計 第2版	深山正幸他著
非同期式回路の設計	米田友洋訳
実践 センサ工学	谷口慶治他著
PWM電力変換システム	谷口勝則著
情報通信工学	岩下　基著
新編 図解情報通信ネットワークの基礎	田村武志著
小型アンテナハンドブック	藤本京平他編著
入門 電波応用 第2版	藤本京平著
基礎 情報伝送工学	古賀正文他著
IPv6ネットワーク構築実習	前野譲二他著
ディジタル通信 第2版	大下眞二郎他著
画像伝送工学	奈倉理一著
画像認識システム学	大﨑紘一他著
デジタル信号処理の基礎 例題とPythonによる図で説く	岡留　剛著
ディジタル信号処理 (S知能機械工学 6)	毛利哲也著
ベイズ信号処理	関原謙介著
統計的信号処理	関原謙介著
医用工学 医療技術者のための 電気・電子工学 第2版	若松秀俊他著